Business Elicicoltura

Coltivare e Allevare Lumache a Casa
Tua e per la Tua Azienda

Indice

I. Introduzione all'elicicoltura..........17
1. Origini dell'Elicicoltura..........17
2. Importanza Economica delle Lumache..........18
3. Potenziale Nutrizionale delle Lumache..........20
4. Primi Passi nell'Allevamento delle Lumache..........21
5. Prospettive Future dell'Elicicoltura..........23

II. Benefici dell'allevamento domestico di lumache...25
1. Nutrizione e Salute: Il Contributo delle Lumache...25
2. Autosufficienza Alimentare: Lumache nell'Orto Domestico..........27
3. Sostenibilità Ambientale: Il Ruolo delle Lumache nell'Allevamento Domestico..........29
4. Risparmio Economico: I Benefici Finanziari dell'Allevamento di Lumache a Casa..........31
5. Benessere Emotivo: Gli Effetti Positivi della Cura delle Lumache Domestiche..........33

III. Scelta e preparazione del terreno per l'elicicoltura..........35
1. Analisi del Terreno: Fondamenti per la Scelta del Luogo Ideale..........35
2. Preparazione del Terreno: Tecniche per la Rimozione delle Erbacce e l'Aplanamento..........37
3. Ottimizzazione del Drenaggio: Strategie per Evitare Ristagni d'Acqua..........39
4. Controllo del pH del Suolo: Metodi per Regolare l'Equilibrio Acido-Base..........41
5. Fertilizzazione del Terreno: Approcci per Migliorare la Fertilità del Suolo..........43

6. Protezione del Terreno: Soluzioni per Difendere l'Area dall'Invasione di Predatori..................45

7. Monitoraggio Ambientale: Strumenti e Tecniche per Valutare le Condizioni del Terreno..................47

IV. Selezione delle specie di lumache da allevare......49

1. Caratteristiche distintive delle specie di lumache...49
2. Requisiti ambientali delle diverse specie di lumache 51
3. Adattabilità delle lumache alle condizioni locali......53
4. Considerazioni sulla produttività e sulla crescita delle varie specie..................55
5. Aspetti nutrizionali e culinari delle diverse specie di lumache..................56
6. Resistenza alle malattie e ai parassiti delle lumache selezionate..................58
7. Approfondimento sulle preferenze di habitat delle diverse specie..................60
8. Potenziali vantaggi economici nell'allevare specifiche specie di lumache..................61

V. Costruzione di un habitat adatto per le lumache....65

1. Scelta del sito ideale per l'habitat delle lumache....65
2. Progettazione e layout dell'area di allevamento.....67
3. Materiali e strutture per la costruzione dell'habitat. 69
4. Creazione di zone di riparo e rifugio per le lumache 71
5. Sistemi di controllo dell'umidità nell'habitat............72
6. Gestione termica: mantenere la temperatura ottimale per le lumache..................74
7. Sistemi di alimentazione e distribuzione del cibo...76

8. Soluzioni per la gestione dei rifiuti e la pulizia dell'habitat 78

VI. Acquisto e gestione delle lumache 81

1. Selezionare le Specie Ideali: Quali Lumache Scegliere 81
2. Fonti Affidabili: Dove Acquistare Lumache di Qualità 82
3. Pianificare l'Approvvigionamento: Quantità e Proporzioni Ottimali 84
4. Trasporto Sicuro: Procedure per il Trasferimento delle Lumache 86
5. Introduzione nell'Habitat: Accoglienza nelle Nuove Dimore 87
6. Gestione degli Stock: Monitoraggio e Controllo delle Popolazioni 89
7. Cure Preliminari: Adattamento e Trattamento Iniziale delle Lumache 91
8. Rispettare le Normative: Aspetti Legali nell'Acquisto e nella Gestione 92

VII. Alimentazione delle lumache: tipi di cibo e dieta equilibrata 95

1. Introduzione all'alimentazione delle lumache 95
2. Tipi di cibo adatti per le lumache 97
3. Composizione di una dieta equilibrata per le lumache 99
4. Consigli pratici per l'alimentazione delle lumache 100
5. Monitoraggio dell'alimentazione e della nutrizione delle lumache 102

VIII. Gestione del clima e protezione dalle intemperie 105

1. Scelta delle Strutture Protettive: Rifugi per Tutte le Stagioni..................105
2. Regolazione Termica: Mantenere un Clima Ideale per le Lumache..................106
3. Copertura Adeguata: Proteggere le Lumache dagli Agenti Atmosferici..................108
4. Gestione dell'Umidità: Equilibrare l'Acqua nell'Habitat delle Lumache..................110
5. Strategie Antipioggia: Soluzioni per Prevenire Infiltrazioni e Allagamenti..................111

IX. Controllo dei parassiti e delle malattie nelle lumache..................115

1. Identificazione dei parassiti comuni nelle lumache..................115
2. Strategie di prevenzione delle malattie nelle lumache..................116
3. Trattamenti naturali per i parassiti nelle lumache. 118
4. Gestione dell'igiene per prevenire le malattie........119
5. Monitoraggio costante della salute delle lumache 121

X. Riproduzione e allevamento delle lumache..........123

1. Selezione dei genitori: Fondamentale per una riproduzione di successo..................123
2. Preparazione dell'ambiente riproduttivo: Creare il contesto ideale per la deposizione delle uova....124
3. Cura delle uova: Tecniche per proteggere e garantire lo sviluppo embrionale..................126
4. Allevamento dei piccoli: Dalle prime fasi di vita alla crescita autonoma..................128
5. Gestione dell'alimentazione: Garantire una dieta bilanciata per la crescita ottimale..................130

6. Controllo sanitario: Monitoraggio della salute e prevenzione delle malattie nei giovani lumache. 131

7. Crescita e sviluppo: Fattori influenzanti sulle tappe cruciali della crescita...133

8. Monitoraggio dell'ambiente: Regolare parametri per garantire un habitat ideale per la riproduzione...135

XI. Cura dei piccoli e delle uova.................................137

1. Preparazione dell'Incubatrice: Creare un Ambiente Ideale per lo Sviluppo Embriogeno.....................137

2. Nutrizione Precoce: Fornire Alimenti Adeguati ai Giovani Lumachine Appena Schiuse...................140

3. Primi Cura e Manutenzione: Tecniche per la Cura dei Piccoli Lumache..142

4. Crescita e Sviluppo: Monitoraggio delle Tappe Cruciali nello Sviluppo dei Piccoli.......................144

5. Controllo dell'Ambiente: Garantire Condizioni Ottimali per la Crescita dei Piccoli Lumache......146

6. Introduzione alla Vita all'Aperto: Preparazione e Transizione dei Giovani Lumache all'Esterno.....148

XII. Tecniche per l'ottimizzazione della crescita delle lumache..151

1. Selezione dei Alimenti: Scegliere la Migliore Dieta per la Crescita Ottimale......................................151

2. Ambiente Ideale: Creare Condizioni Ottimali per la Crescita e lo Sviluppo...152

3. Controllo della Temperatura: Mantenere il Clima Giusto per una Crescita Salutare......................154

4. Gestione dell'Umidità: Equilibrare l'Acqua per Favorire una Crescita Rigogliosa......................155

5. Monitoraggio della Salute: Tecniche per Rilevare e Prevenire Problemi di Crescita............157

6. Allevamento Intensivo: Ottimizzare lo Spazio per Massimizzare la Crescita............158

7. Promozione dell'Esercizio: Strategie per Favorire un Movimento Salutare e la Crescita Muscolare.....160

8. Trattamenti Nutrizionali Avanzati: Utilizzo di Integratori per Accelerare la Crescita............161

XIII. Controllo della qualità dell'ambiente e dell'acqua 165

1. Analisi dei parametri dell'acqua: Strumenti e tecniche di valutazione............165

2. Ottimizzazione del pH: Regolazione e monitoraggio per un ambiente equilibrato............166

3. Gestione della temperatura: Mantenere condizioni ottimali per la vita acquatica............168

4. Controllo dell'ossigeno: Assicurare un adeguato apporto per la salute degli organismi............170

5. Monitoraggio dei contaminanti: Rilevamento e mitigazione delle sostanze nocive............172

6. Tecniche di filtraggio dell'acqua: Soluzioni per mantenere la pulizia e la chiarezza............174

XIV. Monitoraggio della salute e del benessere delle lumache............177

1. Indicatori di salute delle lumache: Cosa cercare per valutarne il benessere............177

2. Nutrizione ottimale per lumache: Fondamenti per una buona salute............179

3. Gestione dello stress nelle lumache: Strategie per garantire il benessere............180

4. Riconoscere e trattare le malattie comuni delle lumache..182
5. Tecniche di controllo dei parassiti nelle lumache: Mantenere la salute del guscio..........................184
6. Monitoraggio dei parametri dell'acqua per la salute delle lumache acquatiche...............................186
7. Pronto intervento: I passaggi da seguire in caso di emergenza sanitaria per le lumache...................188

XV. Raccolta e conservazione delle lumache selvatiche..191

1. Selezione delle Lumache: Identificare le Specie Adatte alla Raccolta..191
2. Strumenti e Attrezzature: Equipaggiamento Essenziale per la Raccolta......................................192
3. Tecniche di Raccolta: Approcci Efficaci e Rispettosi 194
4. Gestione dei Raccolti: Consigli per una Conservazione Ottimale..................................196
5. Preparazione degli Habitat: Creare Spazi Sicuri per le Lumache Raccolte..198
6. Controllo dell'Ambiente: Monitorare i Parametri Cruciali per la Conservazione..........................199
7. Alimentazione Adeguata: Fornire Nutrimento Durante la Conservazione...............................201
8. Manutenzione dei Raccolti: Tecniche per Garantire la Salute e il Benessere.................................203
9. Trasporto Sicuro: Linee Guida per il Trasferimento delle Lumache Raccolte..204
10. Conservazione a Lungo Termine: Strategie per Mantenere la Qualità e la Freschezza................206

XVI. Raccolta e conservazione delle lumache..........209

1. Tecniche di Raccolta delle Lumache: Strategie Efficaci per una Cattura Sicura..........................209
2. Preparazione al Raccolto: Come Pianificare e Organizzare la Raccolta delle Lumache.............211
3. Processo di Spurgatura: Eliminare le Impurità dalle Lumache Raccolte...212
4. Conservazione a Lungo Termine: Metodi per Mantenere la Freschezza delle Lumache...........214
5. Tecniche di Congelamento: Conservare le Lumache per un Utilizzo Futuro..............................215
6. Conservazione in Salamoia: Preservare le Lumache con Gusto e Freschezza.....................................217
7. Lavorazione delle Lumache: Preparazione per la Conservazione e il Consumo............................219
8. Conservazione in Vetro: Conservare le Lumache in Barattoli per un Lungo Periodo..........................220
9. Tecniche di Essiccazione: Come Essiccare le Lumache per un Conservazione Duratura..........222
10. Consigli per la Conservazione Domestica: Strategie Pratiche per Conservare le Lumache a Casa...223

XVII. Preparazione e cucina delle lumache..............227

1. Selezionare le Lumache Perfette per la Cottura: Guida alla Scelta degli Esemplari Ideali.............227
2. Pulizia e Preliminari: Passaggi Essenziali Prima della Preparazione delle Lumache.....................228
3. Tecniche di Spurgatura: Eliminare le Impurità per una Cottura Ottimale...229
4. Conservare le Lumache in Vista della Cucina: Strategie per una Conservazione Duratura........231

5. Pratiche di Cucina: Tecniche e Ricette per Esaltare il Gusto delle Lumache..232

6. Preparazione per la Cottura: Consigli e Accorgimenti per una Pianificazione Efficace........................233

7. Sfruttare al Massimo le Lumache: Idee Creative per Piatti Deliziosi e Nutrienti........................235

8. Esperienze Culinare Uniche: Esplorando Nuove Ricette e Metodi di Cottura con le Lumache.......237

XVIII. Vendita e marketing dei prodotti elicicoli.....239

1. Strategie di Commercializzazione: Come Promuovere i Prodotti Elicicoli sul Mercato........239

2. Normative e Legislazione: Guida alla Vendita Legale di Lumache Commestibili............................241

3. Branding e Immagine del Prodotto: Creare un Marchio di Successo per i Prodotti Elicicoli........242

4. Distribuzione e Logistica: Ottimizzare la Catena di Approvvigionamento dei Prodotti Elicicoli..........244

5. Gestione degli Ordini: Organizzare e Gestire le Richieste dei Clienti per Prodotti Elicicoli............246

6. Marketing Online: Utilizzare Internet e i Social Media per Promuovere i Prodotti Elicicoli.....................248

7. Eventi Promozionali: Coinvolgere i Clienti attraverso Degustazioni e Dimostrazioni di Cucina.............250

8. Partnership Commerciali: Collaborazioni con Ristoranti, Negozi Specializzati e Mercati per la Vendita di Prodotti Elicicoli...............................252

XIX. Normative e aspetti legali dell'elicicoltura.......255

1. Leggi e Regolamenti sull'Allevamento di Lumache Commestibili...255

2. Normative Igienico-Sanitarie per l'Elicicoltura......257

3. Aspetti Legali della Distribuzione e Vendita delle Lumache 259
4. Normative Ambientali e di Benessere Animale nell'Elicicoltura 260
5. Procedure per l'Ottenimento di Autorizzazioni e Certificazioni 262
6. Responsabilità Legali e Normative sulla Sicurezza Alimentare 264

XX. Risorse aggiuntive e contatti utili 267

1. Guide pratiche per l'allevamento delle lumache commestibili 267
2. Corsi online sulla gestione e la cura delle lumache 269
3. Laboratori specializzati per l'analisi della qualità dell'ambiente di allevamento 271
4. Forum online per scambiare esperienze e consigli sull'elicicoltura 272
5. Associazioni di allevatori di lumache: risorse e supporto 274
6. Fornitori di attrezzature e alimenti per l'elicicoltura: contatti e informazioni 276

🎁 **Alla fine di questo libro troverai un regalo esclusivo!**

Business Elicicoltura

Coltivare e Allevare Lumache a Casa Tua e per la Tua Azienda

I. Introduzione all'elicicoltura

1. Origini dell'Elicicoltura

Nell'antichità, l'uomo ha intrapreso un viaggio di scoperta e sperimentazione che ha portato alla nascita dell'elicicoltura, un'arte millenaria che ha attraversato le epoche e le culture.

Le prime tracce di allevamento di lumache risalgono a civiltà antiche come quella romana, greca e egizia, dove queste creature gasteropode erano considerate non solo una prelibatezza culinaria, ma anche un simbolo di prosperità e abbondanza.

Nell'antica Roma, le lumache erano apprezzate come una delizia prelibata, spesso servite durante i sontuosi banchetti delle classi aristocratiche. I ricchi e potenti romani si dedicavano alla ricerca delle lumache più pregiate, considerate un segno di raffinatezza e status sociale elevato. Gli allevatori romani svilupparono tecniche sofisticate per la cattura e l'allevamento delle lumache, aprendo la strada a una forma primitiva di elicicoltura.

Anche in Grecia, le lumache erano considerate una prelibatezza gastronomica e venivano raccolte nelle foreste e nelle campagne circostanti. Aristofane, il celebre commediografo greco, menziona le lumache nei suoi scritti, indicando che erano considerate una prelibatezza anche nella cultura greca antica.

Nell'antico Egitto, le lumache erano parte integrante della dieta quotidiana, soprattutto per le classi inferiori della società. Grazie al clima favorevole e alla presenza di abbondanti fonti d'acqua, l'Egitto offriva condizioni ideali per l'allevamento di lumache. I pescatori egiziani erano soliti raccogliere lumache nelle zone umide lungo il Nilo e nei dintorni dei laghi, contribuendo così alla diffusione e alla popolarità di questo alimento.

È interessante notare come, nel corso dei secoli, l'elicicoltura abbia assunto diversi significati e ruoli all'interno delle società umane: dall'alimento prelibato per i nobili dell'antica Roma, all'importante fonte di proteine per le popolazioni rurali durante periodi di carestia, fino alla sua attuale rinascita come settore agricolo sostenibile e redditizio.

Oggi, l'elicicoltura non è solo una pratica culinaria, ma anche un'attività economica in crescita, che offre opportunità per l'agricoltura urbana, il sostentamento familiare e persino l'export internazionale.

Da semplici metodi di raccolta nelle foreste a sistemi di allevamento intensivo controllati, l'elicicoltura ha attraversato un lungo percorso di evoluzione e innovazione.

2. Importanza Economica delle Lumache

L'importanza economica delle lumache si manifesta in diverse sfaccettature, dall'allevamento per il consumo personale alla creazione di imprese commerciali lucrative. In un mondo in cui la sicurezza alimentare e la sostenibilità sono sempre più importanti, le lumache offrono un'opportunità unica per diversificare le fonti di reddito e contribuire alla sicurezza alimentare sia a livello individuale che globale.

Per molti, l'allevamento di lumache rappresenta una fonte supplementare di cibo fresco e nutriente direttamente dal proprio giardino o dalla propria azienda agricola. Questo approccio all'autosufficienza alimentare non solo offre un'alternativa sostenibile ai prodotti animali tradizionali, ma può anche aiutare a ridurre i costi alimentari e migliorare la qualità della dieta. Le lumache sono ricche di proteine, ferro, calcio e altri nutrienti essenziali, rendendole un'aggiunta preziosa alla tavola di chiunque cerchi una dieta equilibrata e salutare.

D'altra parte, l'elicicoltura può anche essere un'attività economica redditizia per coloro che desiderano avviare un'impresa commerciale nel settore alimentare. La crescente domanda di cibo sostenibile e di alta qualità ha creato un mercato in espansione per i prodotti elicicoli, che vanno dalle lumache vive alle preparazioni gastronomiche pronte per il consumo. Le lumache sono apprezzate in cucina per il loro sapore unico e la loro versatilità, e molti chef di tutto il mondo le utilizzano come ingrediente principale in piatti gourmet.

Inoltre, l'elicicoltura può offrire opportunità di lavoro e sviluppo economico nelle comunità rurali e urbane. L'allevamento di lumache richiede relativamente poco spazio e risorse rispetto ad altre attività agricole, il che lo rende accessibile anche a coloro che dispongono di risorse limitate. Inoltre, l'elicicoltura può essere integrata con altre attività agricole, come l'orticoltura o la produzione di compost, creando sinergie positive e contribuendo alla diversificazione delle entrate familiari.

In sintesi, l'elicicoltura rappresenta non solo un'opportunità per nutrire se stessi in modo sostenibile, ma anche un settore economico in crescita con un potenziale significativo per generare reddito e creare occupazione. Che tu sia un principiante desideroso di avviare un piccolo allevamento nel tuo cortile, o un imprenditore ambizioso che mira a penetrare il mercato degli alimenti gourmet, l'allevamento di lumache offre una vasta gamma di possibilità per coloro che sono disposti ad abbracciare questa affascinante e redditizia attività.

3. Potenziale Nutrizionale delle Lumache

Le lumache, sebbene spesso trascurate nella nostra dieta occidentale, offrono un notevole potenziale nutrizionale che vale la pena esplorare. Ricche di proteine di alta qualità, le lumache forniscono un'importante fonte di sostentamento per coloro che cercano di adottare una dieta più equilibrata e sostenibile. Inoltre, sono una fonte naturale di minerali essenziali come ferro, calcio, magnesio e zinco, che sono fondamentali per la salute e il benessere del nostro corpo.

Un aspetto particolarmente interessante delle lumache è il loro contenuto di Omega-3, acidi grassi essenziali noti per i loro benefici per la salute cardiaca e cerebrale. Questi acidi grassi sono cruciali per mantenere un corretto equilibrio lipidico nel nostro organismo e possono aiutare a ridurre il rischio di malattie cardiovascolari, infiammazioni e altri disturbi cronici. Integrare le lumache nella dieta può essere quindi una scelta intelligente per coloro che desiderano migliorare la propria salute cardiovascolare e generale.

Inoltre, le lumache sono una fonte ricca di vitamine del complesso B, tra cui la vitamina B12, che è essenziale per la formazione dei globuli rossi e il corretto funzionamento del sistema nervoso. La carenza di vitamina B12 è comune in molte persone, specialmente nei vegetariani e nei vegani, ma le lumache possono fornire una fonte alternativa e naturale di questa vitamina importante.

Nonostante le loro dimensioni modeste, le lumache sono estremamente nutrienti e caloriche, il che le rende un'opzione alimentare ideale per coloro che cercano di mantenere un peso corporeo sano e controllare l'apporto calorico. Inoltre, la loro ricchezza di proteine può aiutare a promuovere la sazietà e a ridurre la voglia di spuntini non salutari, contribuendo così a una migliore gestione del peso corporeo nel lungo termine.

In sintesi, il potenziale nutrizionale delle lumache è vasto e sorprendente, offrendo una vasta gamma di nutrienti essenziali per la salute e il benessere del nostro corpo. Integrare le lumache nella propria dieta può quindi portare numerosi vantaggi per la salute, oltre a offrire un'alternativa gustosa e sostenibile ai tradizionali alimenti animali.

4. Primi Passi nell'Allevamento delle Lumache

Quando ci si avvicina all'allevamento delle lumache per la prima volta, è importante comprendere i fondamenti di questa pratica affascinante e ricca di sfide. I primi passi nell'elicicoltura iniziano con una solida comprensione delle esigenze e dei comportamenti delle lumache, nonché con la creazione di un ambiente adatto per il loro sviluppo ottimale.

Il primo passo è scegliere il tipo di lumache che desideri allevare, tenendo conto del clima locale, delle risorse disponibili e degli obiettivi dell'allevamento. Esistono diverse specie di lumache commestibili, ognuna con caratteristiche uniche e requisiti specifici. Alcune delle specie più comuni includono la Lumaca di Borgogna (Helix pomatia), la Lumaca di Giardino (Cornu aspersum), e la Lumaca Africana Gigante (Achatina fulica). È importante fare ricerche approfondite su ciascuna specie e valutare quale si adatta meglio alle tue esigenze e al tuo ambiente.

Una volta scelta la specie, è fondamentale preparare un ambiente adeguato per le lumache. Questo può includere la costruzione di recinti o serre per proteggere le lumache dai predatori e dalle intemperie, nonché la creazione di rifugi e aree di nidificazione confortevoli. La temperatura e l'umidità dell'ambiente devono essere monitorate attentamente e regolate secondo le esigenze specifiche delle lumache.

Dopo aver preparato l'ambiente, è il momento di acquisire le lumache. Puoi scegliere di acquistarle da un allevatore specializzato o di raccoglierle in natura, purché sia legale e rispettoso dell'ambiente. Assicurati di ottenere lumache sane e di alta qualità da fonti affidabili e di trasportarle con cura nel loro nuovo habitat.

Una volta che le lumache sono sistemate nel loro ambiente, è importante fornire loro una dieta equilibrata e nutriente. Le lumache sono creature erbivore e si nutrono principalmente di verdure, erbe e frutta fresca. È importante evitare di sovraffollare l'habitat e di fornire abbastanza cibo per tutte le lumache presenti.

Infine, è necessario monitorare attentamente la salute e il benessere delle lumache e prendere le misure necessarie per prevenire malattie e parassiti. Questo può includere l'ispezione regolare delle lumache, la pulizia dell'ambiente e l'applicazione di trattamenti preventivi o curativi quando necessario.

In sintesi, i primi passi nell'elicicoltura richiedono una pianificazione attenta, una comprensione approfondita delle esigenze delle lumache e un impegno costante per fornire loro un ambiente sicuro e nutriente. Con la giusta preparazione e cura, l'allevamento delle lumache può diventare un'attività gratificante e redditizia per principianti e utenti avanzati.

5. Prospettive Future dell'Elicicoltura

Le prospettive future dell'elicicoltura sono promettenti, poiché questo settore continua a suscitare un crescente interesse tra gli agricoltori, gli imprenditori e i consumatori consapevoli. Con il persistere delle sfide legate alla sicurezza alimentare, all'ambiente e alla salute, l'elicicoltura si presenta come una soluzione sostenibile e versatile che può contribuire in modo significativo alla sicurezza alimentare globale e alla riduzione dell'impatto ambientale dell'agricoltura.

Una delle tendenze emergenti nell'elicicoltura è l'adozione di pratiche agricole innovative e sostenibili per migliorare l'efficienza e la produttività degli allevamenti. Ciò include l'integrazione di tecnologie moderne come l'automazione e l'intelligenza artificiale per monitorare e ottimizzare le condizioni ambientali, nonché l'utilizzo di fonti energetiche rinnovabili per ridurre l'impatto ambientale complessivo dell'allevamento.

Inoltre, si sta assistendo a una maggiore diversificazione dei prodotti elicicoli e alla loro valorizzazione sul mercato. Oltre alle lumache vive e congelate, sempre più produttori stanno sperimentando con nuove forme di presentazione e trasformazione delle lumache, come conserve, salse, e piatti pronti, per soddisfare le esigenze e i gusti dei consumatori moderni.

Le lumache stanno anche diventando sempre più popolari nell'ambito della gastronomia e della ristorazione di alta gamma, grazie al loro sapore unico e alla loro versatilità in cucina. Chef e ristoratori di tutto il mondo stanno abbracciando le lumache come ingrediente di tendenza, creando piatti innovativi e raffinati che attraggono i palati più esigenti.

Dal punto di vista dell'agricoltura urbana, l'elicicoltura offre opportunità uniche per la coltivazione di cibo fresco e sano direttamente nelle città, contribuendo così a ridurre la dipendenza dalle importazioni alimentari e a promuovere uno stile di vita più sostenibile e salutare per le comunità urbane.

In conclusione, le prospettive future dell'elicicoltura sono luminose e piene di opportunità per coloro che sono disposti a esplorare questo settore affascinante e in rapida crescita. Con una visione lungimirante e un impegno verso la sostenibilità e l'innovazione, l'elicicoltura può diventare non solo un'importante fonte di cibo e reddito, ma anche un pilastro fondamentale della nostra futura economia agricola e alimentare.

II. Benefici dell'allevamento domestico di lumache

1. Nutrizione e Salute: Il Contributo delle Lumache

Il contributo delle lumache alla nutrizione e alla salute umana è un argomento affascinante e ampio, che merita un'analisi dettagliata per comprendere appieno i numerosi vantaggi che queste creature possono offrire. Le lumache sono una fonte ricca e diversificata di nutrienti essenziali, che vanno dalle proteine ai minerali, dalle vitamine agli acidi grassi benefici. Esaminiamo più da vicino alcuni dei principali benefici che le lumache possono apportare alla nostra salute e al nostro benessere.

Innanzitutto, le lumache sono una fonte eccellente di proteine di alta qualità. Le proteine sono fondamentali per la crescita e il ripristino delle cellule nel nostro corpo, nonché per la produzione di ormoni e enzimi cruciali per il corretto funzionamento del nostro sistema. Con un contenuto proteico che varia dal 10% al 30% del loro peso, le lumache forniscono una quantità significativa di proteine che può contribuire a soddisfare i nostri fabbisogni giornalieri e favorire una dieta equilibrata.

Oltre alle proteine, le lumache sono anche una ricca fonte di minerali essenziali come ferro, calcio, magnesio e zinco. Questi minerali svolgono un ruolo fondamentale in una vasta gamma di processi biologici nel nostro corpo, inclusi la formazione delle ossa, la contrazione muscolare, il trasporto dell'ossigeno nel sangue e il supporto del sistema immunitario. Integrare le lumache nella nostra dieta può aiutare a garantire un adeguato apporto di questi importanti nutrienti e a prevenire carenze nutrizionali.

Le lumache sono anche una fonte preziosa di vitamine del complesso B, tra cui la vitamina B12, che è essenziale per il corretto funzionamento del nostro sistema nervoso e per la formazione dei globuli rossi nel sangue. La carenza di vitamina B12 è comune in molte persone, specialmente nei vegetariani e nei vegani, ma le lumache possono fornire una fonte naturale e altamente biodisponibile di questa vitamina chiave.

Infine, le lumache sono anche ricche di acidi grassi essenziali, come gli Omega-3 e gli Omega-6, che sono noti per i loro benefici per la salute cardiovascolare, cerebrale e infiammatoria. Integrare le lumache nella nostra dieta può contribuire a migliorare il profilo lipidico nel sangue, ridurre il rischio di malattie cardiache e promuovere una migliore salute del cervello e delle articolazioni.

In conclusione, il contributo delle lumache alla nutrizione e alla salute umana è significativo e diversificato, offrendo una vasta gamma di nutrienti essenziali che possono aiutare a sostenere una dieta equilibrata e uno stile di vita sano. Integrare le lumache nella nostra alimentazione può essere una scelta intelligente per coloro che cercano di migliorare la propria salute e il proprio benessere in modo naturale e sostenibile.

2. Autosufficienza Alimentare: Lumache nell'Orto Domestico

L'integrazione delle lumache nell'orto domestico rappresenta un'opportunità unica per promuovere l'autosufficienza alimentare e la sostenibilità ambientale. Grazie alla loro capacità di convertire efficacemente il materiale organico in compost di alta qualità e fertilizzante naturale, le lumache possono svolgere un ruolo chiave nel ciclo di rigenerazione del suolo e nella promozione della fertilità del terreno nell'orto domestico.

Una delle principali applicazioni pratiche delle lumache nell'orto domestico è il loro ruolo nel compostaggio. Le lumache sono dei veri e propri "raccoglitori" di rifiuti organici, in grado di consumare una vasta gamma di materiali, tra cui scarti di frutta e verdura, foglie secche, erbe e resti vegetali. Introdurre lumache nel compostaggio può accelerare il processo di decomposizione dei rifiuti organici, trasformandoli in humus ricco di nutrienti che può essere utilizzato per fertilizzare il terreno e migliorare la salute delle piante nell'orto.

Inoltre, le lumache possono contribuire alla gestione integrata dei parassiti e delle malattie delle piante nell'orto domestico. Alcune specie di lumache si nutrono di organismi nocivi come afidi, lumache dannose e uova di insetti, riducendo così la necessità di utilizzare pesticidi chimici dannosi per la salute umana e l'ambiente. Introdurre lumache predatrici nell'orto può quindi costituire una forma naturale e sostenibile di controllo dei parassiti, contribuendo a mantenere un equilibrio ecologico nel sistema.

Per integrare con successo le lumache nell'orto domestico, è importante creare un ambiente favorevole che soddisfi le loro esigenze di nutrimento, riparo e umidità. Ciò può includere la creazione di aree o rifugi umidi dove le lumache possono trovare riparo durante le ore più calde del giorno e durante i periodi di siccità. Inoltre, è consigliabile fornire loro una dieta bilanciata che includa una varietà di alimenti vegetali freschi e sani.

Infine, è importante monitorare attentamente la popolazione di lumache nell'orto e regolare la loro presenza secondo le esigenze specifiche del sistema. Un'eccessiva proliferazione di lumache può portare a danni alle piante e al sovrappopolamento dell'ambiente, mentre una popolazione controllata può contribuire al mantenimento dell'equilibrio ecologico e alla promozione della fertilità del terreno.

In conclusione, l'integrazione delle lumache nell'orto domestico può portare numerosi benefici in termini di autosufficienza alimentare, sostenibilità ambientale e gestione integrata dei parassiti e delle malattie delle piante. Con una corretta pianificazione e gestione, le lumache possono diventare preziose alleate nell'orto domestico, contribuendo a creare un ambiente più sano, equilibrato e produttivo per piante e coltivatori.

3. Sostenibilità Ambientale: Il Ruolo delle Lumache nell'Allevamento Domestico

Il ruolo delle lumache nell'allevamento domestico va ben oltre la semplice produzione di cibo; esse svolgono anche una funzione cruciale nel promuovere la sostenibilità ambientale e la conservazione delle risorse naturali. Grazie alla loro capacità di trasformare i rifiuti organici in compost ricco di nutrienti, le lumache contribuiscono a ridurre il volume dei rifiuti domestici e a promuovere la chiusura del ciclo biologico dei nutrienti.

Una delle principali caratteristiche che rende le lumache preziose dal punto di vista ambientale è la loro capacità di digerire e decomporre una vasta gamma di materiali organici, trasformandoli in un compost ricco di sostanze nutritive. Questo processo di compostaggio naturale consente di ridurre la quantità di rifiuti che finisce nelle discariche e di ridurre l'impatto ambientale dell'eliminazione dei rifiuti, contribuendo così alla riduzione delle emissioni di gas serra e alla conservazione delle risorse naturali.

Inoltre, le lumache possono contribuire in modo significativo alla promozione della fertilità del suolo e alla salute delle piante nell'ambiente domestico. Il compost prodotto dalle lumache è ricco di sostanze nutritive essenziali come azoto, fosforo e potassio, che sono fondamentali per il corretto sviluppo delle piante e il mantenimento dell'equilibrio biologico nel suolo. Integrare le lumache nell'orto o nel giardino domestico può quindi favorire la crescita delle piante e migliorare la loro resistenza alle malattie e ai parassiti, riducendo così la necessità di utilizzare fertilizzanti chimici dannosi per l'ambiente.

Inoltre, le lumache possono svolgere un ruolo importante nel mantenere l'equilibrio ecologico e la biodiversità negli ambienti domestici. Come decompositori naturali, le lumache contribuiscono a riciclare i nutrienti e a mantenere l'ecosistema in equilibrio, aiutando a prevenire l'accumulo di materiale organico in decomposizione e la proliferazione di parassiti e malattie delle piante. Introdurre lumache nell'ambiente domestico può quindi contribuire a creare un ecosistema più resiliente e autosufficiente, che richiede meno interventi esterni per mantenere l'equilibrio ecologico.

Per massimizzare il ruolo delle lumache nella promozione della sostenibilità ambientale nell'allevamento domestico, è importante adottare pratiche di gestione responsabili e sostenibili. Ciò include la corretta alimentazione e cura delle lumache, la gestione equilibrata della popolazione e la promozione di un ambiente naturale e biodiverso che favorisca il loro benessere e la loro produttività.

In conclusione, il ruolo delle lumache nell'allevamento domestico va oltre la semplice produzione di cibo, contribuendo anche alla promozione della sostenibilità ambientale, alla conservazione delle risorse naturali e al mantenimento dell'equilibrio ecologico negli ambienti domestici. Con una corretta gestione e cura, le lumache possono diventare preziose alleate nella creazione di un ambiente domestico più sano, equilibrato e sostenibile per le persone e la natura.

4. Risparmio Economico: I Benefici Finanziari dell'Allevamento di Lumache a Casa

Gli allevatori domestici di lumache possono godere di una serie di vantaggi finanziari che vanno oltre la semplice produzione di cibo. La pratica dell'elicicoltura può rappresentare un'opportunità economica redditizia per coloro che desiderano ridurre le spese alimentari, generare un reddito aggiuntivo o avviare una piccola impresa. Esaminiamo più da vicino i benefici finanziari dell'allevamento di lumache a casa e come massimizzare il loro potenziale economico.

Innanzitutto, l'allevamento di lumache può portare a significativi risparmi sui costi alimentari. Poiché le lumache possono essere allevate utilizzando materiali di scarto e alimenti vegetali economici, i loro costi di alimentazione sono generalmente bassi rispetto ad altre fonti di proteine animali. Questo può essere particolarmente vantaggioso per le famiglie che desiderano ridurre la loro spesa alimentare e risparmiare denaro sulle bollette dei generi alimentari.

Inoltre, l'allevamento di lumache può offrire un'opportunità per generare un reddito aggiuntivo attraverso la vendita di lumache vive, preparate o prodotti derivati. Le lumache sono apprezzate in cucina per il loro sapore unico e la loro versatilità, e molti consumatori sono disposti a pagare un premio per prodotti di alta qualità e freschezza. Avviare un piccolo business di produzione e vendita di lumache può quindi rappresentare un'opportunità redditizia per coloro che desiderano sfruttare il mercato in espansione degli alimenti gourmet e sostenibili.

Inoltre, l'allevamento di lumache può offrire una forma di investimento a lungo termine per coloro che cercano di diversificare il loro portafoglio finanziario. Con una corretta pianificazione e gestione, un allevamento di lumache ben organizzato può generare un flusso costante di reddito nel corso del tempo, fornendo una fonte di stabilità finanziaria e sicurezza economica per gli allevatori.

Per massimizzare i benefici finanziari dell'allevamento di lumache a casa, è importante adottare una serie di strategie e tecniche pratiche. Questo può includere la selezione di specie di lumache adatte al mercato locale e alle condizioni ambientali, la pianificazione accurata della produzione e la gestione efficiente delle risorse per ridurre i costi operativi. Inoltre, è essenziale sviluppare un piano di marketing efficace per promuovere i prodotti elicicoli e raggiungere i potenziali clienti.

In conclusione, l'allevamento di lumache a casa può offrire una serie di benefici finanziari che vanno oltre la semplice produzione di cibo, tra cui risparmi sui costi alimentari, reddito aggiuntivo e opportunità di investimento a lungo termine. Con una pianificazione attenta e una gestione diligente, gli allevatori domestici di lumache possono godere di un'economia stabile e sostenibile che contribuisce al loro benessere finanziario e alla sicurezza economica nel lungo termine.

5. Benessere Emotivo: Gli Effetti Positivi della Cura delle Lumache Domestiche

Gli effetti positivi della cura delle lumache domestiche sul benessere emotivo degli allevatori sono sorprendenti e profondi. Interagire con le lumache può avere un impatto terapeutico e calmante sullo stato d'animo, riducendo lo stress, l'ansia e la depressione e promuovendo un senso di calma e benessere generale. Questo fenomeno, noto come "terapia con lumache" o "lumacoterapia", è sempre più riconosciuto come una forma efficace di cura e sostegno emotivo.

Una delle ragioni per cui la cura delle lumache può influenzare positivamente il benessere emotivo è legata alla loro natura tranquilla e rilassante. Osservare le lumache mentre si muovono lentamente nel loro ambiente, esplorando il terreno e nutrendosi delicatamente, può avere un effetto ipnotico e meditativo, aiutando a distogliere l'attenzione dai pensieri negativi e a creare uno stato di calma interiore.

Inoltre, il processo di prendersi cura delle lumache può promuovere un senso di responsabilità e realizzazione personale negli allevatori. Prendersi cura di esseri viventi vulnerabili e dipendenti come le lumache richiede pazienza, dedizione e attenzione ai dettagli, qualità che possono essere estremamente gratificanti e soddisfacenti per chi le pratica. Sapere di essere responsabili del benessere e della felicità delle proprie lumache può fornire un senso di scopo e significato nella vita quotidiana.

Inoltre, l'interazione fisica con le lumache può avere effetti benefici sulla salute mentale e emotiva degli allevatori. Toccando delicatamente le lumache e osservando il loro comportamento tranquillo e curioso, gli allevatori possono sperimentare una sensazione di connessione emotiva e di vicinanza con la natura, che può portare a una maggiore gratitudine e apprezzamento per il mondo che li circonda.

Infine, la pratica dell'elicicoltura può anche favorire l'interazione sociale e la condivisione di interessi comuni tra gli allevatori. Partecipare a comunità online o gruppi di supporto dedicati all'elicicoltura può offrire un'opportunità per gli allevatori di condividere esperienze, consigli e risorse, creando così un senso di appartenenza e di connessione con gli altri che condividono la stessa passione.

Per massimizzare gli effetti positivi della cura delle lumache sul benessere emotivo, è importante adottare una serie di pratiche e strategie che favoriscano un ambiente sano e stimolante per le lumache e gli allevatori. Ciò può includere la creazione di un habitat confortevole e sicuro per le lumache, la promozione di interazioni positive e rispettose con gli animali e l'adozione di pratiche di gestione del tempo e dello stress che favoriscano il benessere emotivo degli allevatori.

In conclusione, la cura delle lumache domestiche può avere effetti straordinariamente positivi sul benessere emotivo degli allevatori, promuovendo la calma, la gratitudine e la connessione con la natura. Con una pratica consapevole e attenta, l'elicicoltura può diventare non solo un'attività gratificante e redditizia, ma anche una forma efficace di cura e sostegno emotivo per coloro che la praticano.

III. Scelta e preparazione del terreno per l'elicicoltura

1. Analisi del Terreno: Fondamenti per la Scelta del Luogo Ideale

L'analisi del terreno costituisce il fondamento imprescindibile per la scelta del luogo ideale destinato all'elicicoltura. La comprensione approfondita delle caratteristiche del terreno è essenziale per garantire il successo e la prosperità del tuo allevamento di lumache. Prima di iniziare qualsiasi attività di preparazione del terreno, è fondamentale condurre un'analisi dettagliata per valutare la composizione chimica, la struttura fisica e le condizioni ambientali del suolo.

Una delle prime considerazioni da tenere in considerazione durante l'analisi del terreno è la sua composizione chimica, che influenzerà direttamente la capacità del terreno di supportare la crescita e lo sviluppo delle lumache. È importante valutare il pH del suolo, poiché le lumache prosperano in terreni leggermente alcalini con un pH compreso tra 7 e 8. Inoltre, è necessario testare i livelli di nutrienti nel suolo, in particolare azoto, fosforo e potassio, per assicurarsi che siano presenti in quantità sufficienti per sostenere la crescita delle piante di cui le lumache si nutrono.

Oltre alla composizione chimica, è importante valutare anche la struttura fisica del terreno durante l'analisi. Un terreno ben drenato è essenziale per evitare il ristagno d'acqua, che potrebbe risultare dannoso per le lumache e favorire la proliferazione di parassiti e malattie. L'analisi del drenaggio del terreno può includere la valutazione della pendenza del terreno, la permeabilità del suolo e la presenza di eventuali ostacoli che potrebbero ostacolare il flusso dell'acqua, come rocce o radici.

Inoltre, è importante considerare le condizioni ambientali del sito durante l'analisi del terreno. Le lumache preferiscono un ambiente fresco e umido, quindi è importante valutare la disponibilità di ombra e l'esposizione al sole del sito. Inoltre, è importante tenere conto dei fattori climatici locali, come la temperatura e l'umidità, che possono influenzare il benessere e la produttività delle lumache.

Infine, durante l'analisi del terreno è importante prendere in considerazione anche eventuali fattori ambientali e biologici che potrebbero influenzare l'ambiente dell'elicicoltura. Ad esempio, è importante valutare la presenza di predatori naturali delle lumache, come uccelli, roditori o altri animali, e prendere le misure necessarie per proteggere il sito dall'invasione di questi predatori.

In conclusione, l'analisi del terreno è un passaggio fondamentale nella scelta del luogo ideale per l'elicicoltura. Comprendere le caratteristiche chimiche, fisiche e ambientali del suolo è essenziale per garantire un ambiente ottimale per la crescita e lo sviluppo delle lumache. Con una pianificazione attenta e una valutazione accurata del terreno, puoi creare le condizioni ideali per un allevamento di lumache di successo e prosperità.

2. Preparazione del Terreno: Tecniche per la Rimozione delle Erbacce e l'Aplanamento

La preparazione del terreno rappresenta una fase cruciale nel processo di avvio dell'elicicoltura, e comprende una serie di tecniche specifiche volte a garantire un ambiente ottimale per la crescita e lo sviluppo delle lumache. Tra le prime attività da affrontare durante la preparazione del terreno vi è la rimozione delle erbacce e l'aplanamento della superficie, passaggi fondamentali per garantire un ambiente pulito e sicuro per le lumache.

La rimozione delle erbacce è un'operazione preliminare indispensabile che mira a eliminare la concorrenza delle piante indesiderate e a favorire la crescita delle piante nutrici preferite dalle lumache. Esistono diverse tecniche efficaci per rimuovere le erbacce, tra cui l'aratura del terreno, l'utilizzo di erbicidi selettivi o l'estirpazione manuale. L'aratura del terreno può essere eseguita utilizzando aratri meccanici o attrezzi manuali, mentre l'uso di erbicidi selettivi può essere una soluzione efficace per eliminare le erbacce senza danneggiare le piante nutrici delle lumache. In alternativa, l'estirpazione manuale delle erbacce può essere eseguita utilizzando rastrelli, zappe o altre attrezzature manuali per rimuovere le piante indesiderate dalla superficie del terreno.

Una volta completata la rimozione delle erbacce, è importante procedere con l'aplanamento della superficie del terreno per garantire un ambiente uniforme e privo di ostacoli per le lumache. L'aplanamento del terreno può essere eseguito utilizzando attrezzi manuali come livelle, rastrelli o falciatrici, oppure con l'ausilio di macchinari più pesanti come livellatrici o ruspe. Durante l'aplanamento del terreno, è importante prestare attenzione alla creazione di una superficie uniforme e livellata, in modo da evitare accumuli d'acqua o terreni instabili che potrebbero mettere a rischio la sicurezza e il benessere delle lumache.

Inoltre, durante la preparazione del terreno è importante prendere in considerazione anche la necessità di creare aree riparate e protette dove le lumache possano trovare rifugio durante le condizioni meteorologiche avverse o in caso di pericolo. Queste aree riparate possono essere create utilizzando materiali naturali come legno, pietra o foglie, oppure utilizzando strutture artificiali come tettoie o serre. Fornire alle lumache un ambiente sicuro e protetto è essenziale per garantire il loro benessere e la loro produttività nel lungo periodo.

In conclusione, la preparazione del terreno per l'elicicoltura richiede l'esecuzione di diverse tecniche specifiche, tra cui la rimozione delle erbacce e l'aplanamento della superficie. Con una pianificazione attenta e l'uso delle giuste tecniche, è possibile creare un ambiente ottimale per la crescita e lo sviluppo delle lumache, promuovendo così il successo e la prosperità del tuo allevamento.

3. Ottimizzazione del Drenaggio: Strategie per Evitare Ristagni d'Acqua

L'ottimizzazione del drenaggio è un aspetto critico della preparazione del terreno per l'elicicoltura, poiché il ristagno d'acqua può causare gravi problemi di salute per le lumache e compromettere il successo dell'intero allevamento. È essenziale adottare una serie di strategie e tecniche per garantire un drenaggio efficace del terreno e prevenire il ristagno d'acqua.

Una delle prime strategie per ottimizzare il drenaggio del terreno è quella di valutare attentamente la pendenza del sito e la sua capacità di drenaggio naturale. Un terreno con una pendenza leggera o moderata è generalmente preferibile, poiché favorisce il deflusso naturale dell'acqua e riduce il rischio di ristagno. Tuttavia, se il terreno presenta una pendenza eccessiva, potrebbe essere necessario prendere misure per ridurne l'inclinazione o creare terrazzamenti per prevenire l'erosione e favorire un drenaggio uniforme.

Inoltre, è importante valutare la permeabilità del suolo durante la preparazione del terreno. I terreni argillosi tendono ad essere più compatti e meno permeabili, mentre i terreni sabbiosi sono più porosi e permettono un migliore drenaggio dell'acqua. Se il terreno presenta una bassa permeabilità, è possibile migliorare il drenaggio aggiungendo materiali porosi come sabbia, ghiaia o perlite al terreno per aumentare la sua capacità di assorbire e drenare l'acqua in eccesso.

Un'altra strategia efficace per ottimizzare il drenaggio del terreno è quella di creare sistemi di drenaggio artificiale, come canali, grondaie o tubi di drenaggio sotterranei. Questi sistemi consentono di convogliare l'acqua lontano dall'area dell'allevamento, riducendo così il rischio di ristagno e di danni alle lumache. È importante progettare e installare questi sistemi con cura, tenendo conto delle condizioni del terreno e delle esigenze specifiche dell'allevamento.

Inoltre, durante la preparazione del terreno è importante prestare attenzione alla posizione e alla disposizione degli elementi del paesaggio, come alberi, arbusti e altre piante. Le radici delle piante possono influenzare significativamente il drenaggio del terreno, poiché assorbono acqua e possono creare ostacoli al deflusso dell'acqua. È importante pianificare attentamente la disposizione delle piante per evitare interferenze con il drenaggio e garantire un flusso libero dell'acqua nel terreno.

Infine, è fondamentale monitorare costantemente il drenaggio del terreno e adottare misure correttive tempestive in caso di problemi. Ispezionare regolarmente il terreno per individuare eventuali segni di ristagno d'acqua, come pozze d'acqua stagnante o terreno eccessivamente umido, e prendere le misure necessarie per risolvere il problema. Ciò può includere la correzione della pendenza del terreno, la pulizia dei sistemi di drenaggio o l'aggiunta di materiali porosi al terreno per migliorare il drenaggio.

In conclusione, l'ottimizzazione del drenaggio è un aspetto critico della preparazione del terreno per l'elicicoltura, e richiede l'adozione di una serie di strategie e tecniche per garantire un ambiente ottimale per la crescita e lo sviluppo delle lumache. Con una pianificazione attenta e un'attenta valutazione delle condizioni del terreno, è possibile prevenire il ristagno d'acqua e garantire il successo e la prosperità del tuo allevamento.

4. Controllo del pH del Suolo: Metodi per Regolare l'Equilibrio Acido-Base

Il controllo del pH del suolo è un aspetto cruciale della preparazione del terreno per l'elicicoltura, poiché il pH influisce direttamente sulla disponibilità dei nutrienti per le piante e, di conseguenza, sul benessere e sulla produttività delle lumache. Un pH del suolo corretto è essenziale per garantire che le lumache ricevano una dieta equilibrata e nutriente, e che il terreno fornisca un ambiente ottimale per la crescita delle piante nutrici preferite.

Per regolare l'equilibrio acido-base del suolo e garantire un pH ottimale per le lumache, è possibile utilizzare una serie di metodi e tecniche pratiche. Uno dei metodi più comuni per correggere il pH del suolo è l'aggiunta di sostanze correttive, come calcare agricolo o zolfo elementare, che possono aumentare o diminuire il pH del terreno a seconda delle esigenze. Ad esempio, se il suolo è troppo acido, è possibile aggiungere calcare agricolo per aumentare il pH e rendere il terreno più alcalino. Al contrario, se il suolo è troppo alcalino, è possibile aggiungere zolfo elementare per abbassare il pH e rendere il terreno più acido.

È importante applicare correttamente le sostanze correttive per garantire un'efficace regolazione del pH del suolo. Le dosi e le modalità di applicazione delle sostanze correttive dipendono dalle caratteristiche specifiche del terreno e dalle esigenze delle lumache. È consigliabile effettuare un'analisi del suolo prima di apportare correzioni al pH, in modo da valutare con precisione le necessità del terreno e ottenere risultati ottimali.

Oltre all'aggiunta di sostanze correttive, è possibile utilizzare anche tecniche colturali per regolare il pH del suolo. Ad esempio, la rotazione delle colture può contribuire a mantenere un pH equilibrato nel terreno, poiché diverse piante hanno esigenze nutrizionali e di pH diverse. Inoltre, la pratica della copertura del suolo con materiale organico, come paglia o foglie, può contribuire a mantenere un pH stabile nel terreno e migliorare la sua struttura e fertilità nel lungo termine.

È importante monitorare regolarmente il pH del suolo e adottare misure correttive tempestive in caso di variazioni. Ispezionare il terreno e testare il pH periodicamente per garantire che sia mantenuto all'interno del range ottimale per le lumache e le piante nutrici. Inoltre, è importante tenere conto delle esigenze specifiche delle lumache durante la regolazione del pH del suolo, assicurandosi che ricevano una dieta equilibrata e nutriente che favorisca il loro benessere e la loro produttività nel lungo termine.

In conclusione, il controllo del pH del suolo è un aspetto fondamentale della preparazione del terreno per l'elicicoltura, e richiede l'adozione di una serie di metodi e tecniche per regolare l'equilibrio acido-base del terreno. Con una pianificazione attenta e un'attenta valutazione delle esigenze del terreno e delle lumache, è possibile garantire un ambiente ottimale per il successo e la prosperità del tuo allevamento.

5. Fertilizzazione del Terreno: Approcci per Migliorare la Fertilità del Suolo

La fertilizzazione del terreno è un elemento chiave per migliorare la fertilità del suolo e garantire condizioni ottimali per la crescita delle piante nutrici delle lumache. Un terreno ricco di nutrienti fornisce alle piante gli elementi essenziali per la crescita sana e vigorosa, contribuendo così a fornire alle lumache una dieta equilibrata e nutriente. Esistono diversi approcci e tecniche pratiche che possono essere utilizzati per fertilizzare il terreno e migliorarne la fertilità, contribuendo così al successo e alla produttività dell'elicicoltura.

Uno dei metodi più comuni per fertilizzare il terreno è l'applicazione di fertilizzanti chimici o organici, che forniscono una gamma di nutrienti essenziali per le piante, tra cui azoto, fosforo, potassio e altri micronutrienti. I fertilizzanti chimici sono prodotti commerciali disponibili in diverse formulazioni e possono essere applicati al terreno in forma liquida, granulare o solubile in acqua, a seconda delle esigenze delle piante e delle preferenze personali dell'allevatore. I fertilizzanti organici, d'altra parte, sono composti da materiali naturali come letame, compost, humus o alghe marine, che forniscono nutrienti alle piante in modo naturale e sostenibile.

Oltre all'applicazione di fertilizzanti, è possibile migliorare la fertilità del terreno utilizzando tecniche di miglioramento del suolo come il compostaggio, la copertura del suolo e la rotazione delle colture. Il compostaggio è un processo di decomposizione dei materiali organici che trasforma i rifiuti organici in un fertilizzante ricco di nutrienti noto come compost. Applicare il compost al terreno fornisce una fonte naturale di nutrienti alle piante e migliora la struttura e la capacità di ritenzione idrica del suolo.

La copertura del suolo è un'altra tecnica efficace per migliorare la fertilità del terreno e proteggere il suolo dall'erosione e dalla perdita di nutrienti. La copertura del suolo prevede l'uso di materiali organici come paglia, fieno, foglie o pacciamatura vegetale per coprire la superficie del terreno intorno alle piante. Questi materiali aiutano a trattenere l'umidità nel terreno, riducono l'evaporazione dell'acqua e forniscono nutrienti alle piante durante il loro processo di decomposizione.

La rotazione delle colture è un'altra pratica importante per migliorare la fertilità del suolo e prevenire l'esaurimento dei nutrienti. La rotazione delle colture prevede la variazione delle colture coltivate su un determinato terreno in cicli regolari, in modo da ridurre l'accumulo di parassiti e malattie del suolo e mantenere un equilibrio nutrizionale ottimale. Alternare le colture leguminose con quelle non leguminose, ad esempio, può contribuire a arricchire il terreno di azoto e altri nutrienti essenziali per le piante.

In conclusione, la fertilizzazione del terreno è un elemento cruciale per migliorare la fertilità del suolo e garantire condizioni ottimali per la crescita delle piante nutrici delle lumache. Con l'uso di fertilizzanti chimici o organici, tecniche di miglioramento del suolo e pratiche di gestione colturale come il compostaggio e la rotazione delle colture, è possibile creare un ambiente fertile e sano per le lumache, promuovendo così il successo e la produttività dell'elicicoltura.

6. Protezione del Terreno: Soluzioni per Difendere l'Area dall'Invasione di Predatori

La protezione del terreno dall'invasione di predatori è un aspetto cruciale della gestione dell'elicicoltura, poiché gli attacchi da parte di animali selvatici possono causare gravi danni alle lumache e compromettere l'intero allevamento. È essenziale adottare una serie di soluzioni e strategie per proteggere l'area di allevamento dalle intrusioni indesiderate e garantire la sicurezza e il benessere delle lumache.

Una delle prime soluzioni per proteggere il terreno dall'invasione di predatori è l'installazione di recinzioni o barriere fisiche intorno all'area di allevamento. Le recinzioni possono essere realizzate con materiali come legno, metallo o rete metallica e devono essere sufficientemente alte e solide da impedire l'accesso a predatori come roditori, uccelli, lucertole o altri animali che potrebbero rappresentare una minaccia per le lumache. È importante assicurarsi che le recinzioni siano interrate nel terreno per prevenire lo scavo da parte di animali come talpe o tassi.

Oltre alle recinzioni, è possibile utilizzare anche dispositivi dissuasori elettronici o meccanici per tenere lontani i predatori dall'area di allevamento. Questi dispositivi emettono suoni o vibrazioni che allontanano gli animali indesiderati, riducendo così il rischio di attacchi alle lumache. Alcuni dispositivi dissuasori possono essere alimentati a energia solare e posizionati strategicamente lungo il perimetro dell'area di allevamento per fornire una protezione continua.

Un'altra strategia efficace per proteggere il terreno dall'invasione di predatori è quella di mantenere l'area circostante ben illuminata durante le ore notturne. L'illuminazione notturna può scoraggiare l'attività dei predatori e ridurre il rischio di attacchi alle lumache durante le ore di buio. È possibile utilizzare luci a LED a basso consumo energetico o lampade solari per illuminare l'area senza aumentare significativamente i costi energetici dell'allevamento.

Inoltre, è importante adottare misure preventive per ridurre l'attrattività dell'area di allevamento per i predatori. Mantenere l'area pulita e priva di residui alimentari o materiali di nidificazione può contribuire a ridurre l'attrattività dell'area per i predatori e a prevenire gli attacchi alle lumache. Inoltre, è possibile utilizzare repellenti naturali o sostanze repellenti per scoraggiare l'attività dei predatori e proteggere le lumache dall'invasione.

Infine, è fondamentale monitorare regolarmente l'area di allevamento per individuare eventuali segni di presenza di predatori e adottare misure correttive tempestive in caso di necessità. Ispezionare regolarmente le recinzioni, controllare le trappole o i dispositivi dissuasori e mantenere l'area circostante pulita e ben illuminata sono tutte pratiche importanti per garantire la protezione del terreno e il benessere delle lumache.

In conclusione, proteggere il terreno dall'invasione di predatori è essenziale per garantire la sicurezza e il benessere delle lumache nell'ambiente di allevamento. Con l'uso di recinzioni, dispositivi dissuasori, illuminazione notturna e misure preventive, è possibile ridurre il rischio di attacchi e proteggere con successo le lumache dall'invasione dei predatori.

7. Monitoraggio Ambientale: Strumenti e Tecniche per Valutare le Condizioni del Terreno

Il monitoraggio ambientale è un aspetto essenziale della gestione dell'elicicoltura, poiché consente di valutare le condizioni del terreno e garantire un ambiente ottimale per la crescita e il benessere delle lumache. Esistono diversi strumenti e tecniche disponibili per monitorare le condizioni del terreno e identificare eventuali problemi o sfide che potrebbero influenzare l'allevamento delle lumache. Il monitoraggio ambientale può essere diviso in diverse categorie, tra cui il controllo della qualità del suolo, la misurazione dei parametri ambientali e l'analisi dei dati di produzione.

Una delle prime attività nel monitoraggio ambientale è il controllo della qualità del suolo, che coinvolge la valutazione delle caratteristiche fisiche, chimiche e biologiche del terreno. Per valutare la qualità del suolo, è possibile utilizzare strumenti come sonde di penetrazione del suolo per valutare la struttura del terreno, test di laboratorio per analizzare la composizione chimica del suolo e test biologici per valutare la presenza di organismi benefici o dannosi. Ad esempio, misurare il pH del suolo, la sua capacità di ritenzione idrica e la presenza di nutrienti essenziali come azoto, fosforo e potassio può fornire informazioni preziose sulla fertilità del terreno e sulle esigenze delle lumache.

Oltre al controllo della qualità del suolo, è importante monitorare anche i parametri ambientali come la temperatura, l'umidità e la luminosità dell'area di allevamento. Questi parametri possono influenzare direttamente il benessere e la produttività delle lumache, e il loro monitoraggio regolare può aiutare a identificare eventuali variazioni o anomalie che potrebbero richiedere interventi correttivi. Per misurare questi parametri, è possibile utilizzare strumenti come termometri, igrometri e sensori di luce, che forniscono dati in tempo reale sulle condizioni ambientali dell'area di allevamento.

Infine, il monitoraggio ambientale coinvolge anche l'analisi dei dati di produzione per valutare le prestazioni dell'allevamento e identificare eventuali aree di miglioramento. Questo può includere la raccolta e l'analisi di dati relativi alla crescita e alla produttività delle lumache, come il tasso di crescita, il tasso di sopravvivenza, il peso medio e la produzione di uova. Utilizzando strumenti come fogli di calcolo o software di gestione agricola, è possibile registrare e analizzare i dati di produzione per identificare tendenze, individuare problemi potenziali e prendere decisioni informate per ottimizzare le operazioni di allevamento.

In conclusione, il monitoraggio ambientale è una pratica fondamentale per garantire il successo e la sostenibilità dell'elicicoltura, e coinvolge l'uso di strumenti e tecniche per valutare le condizioni del terreno e dell'ambiente di allevamento. Con il controllo della qualità del suolo, la misurazione dei parametri ambientali e l'analisi dei dati di produzione, è possibile identificare eventuali problemi o sfide e adottare le misure necessarie per garantire un ambiente ottimale per la crescita e il benessere delle lumache.

IV. Selezione delle specie di lumache da allevare

1. Caratteristiche distintive delle specie di lumache

Le specie di lumache offrono una vasta gamma di varietà, ciascuna con le proprie caratteristiche uniche che le rendono adatte a differenti contesti e scopi nell'elicicoltura. Comprendere in modo approfondito le differenze tra queste specie è fondamentale per selezionare quella più adatta alle proprie esigenze e obiettivi nell'allevamento di lumache.

Una delle distinzioni principali tra le varie specie di lumache risiede nelle dimensioni e nella forma del loro guscio. Ad esempio, la Helix aspersa, conosciuta comunemente come lumaca di Borgogna, presenta un guscio di forma tondeggiante e dimensioni medio-grandi, rendendola ideale per il consumo umano e per la commercializzazione in mercati specializzati. Questa specie è apprezzata per il suo sapore delicato e la consistenza tenera della sua carne, ed è ampiamente utilizzata nella cucina gourmet.

D'altra parte, la Cornu aspersum, conosciuta anche come lumaca di terra, ha un guscio più piccolo e allungato, con tonalità di colore che variano dal marrone al beige. Questa specie è diffusa in molte parti del mondo ed è spesso considerata una lumaca da giardino, in quanto può contribuire al controllo naturale delle infestazioni di lumache nocive per le piante. La Cornu aspersum è apprezzata anche per il suo sapore e la sua texture, sebbene il suo utilizzo culinario possa variare a seconda delle tradizioni gastronomiche locali.

Un'altra specie notevole è la Achatina fulica, conosciuta come lumaca gigante africana, caratterizzata da un guscio di dimensioni significativamente più grandi rispetto ad altre specie di lumache. Il suo guscio può raggiungere dimensioni notevoli, superando i venti centimetri di diametro. Questa specie è diffusa principalmente nelle regioni tropicali e subtropicali e è apprezzata per la sua resistenza e adattabilità a una vasta gamma di ambienti. Tuttavia, è importante notare che la Achatina fulica è considerata una specie invasiva in molte parti del mondo e può causare gravi danni agli ecosistemi naturali se non controllata adeguatamente.

Oltre alle differenze nel guscio, le specie di lumache possono anche variare nella loro preferenza di habitat, comportamento alimentare e capacità riproduttiva. Alcune specie possono essere più adatte a climi temperati, mentre altre prosperano in ambienti tropicali o subtropicali. Allo stesso modo, le preferenze alimentari possono variare tra le specie, con alcune lumache che si nutrono principalmente di materiale vegetale, mentre altre possono preferire alimenti più proteici come detriti organici o carcasse di altri animali.

In conclusione, la selezione della specie di lumache da allevare richiede una valutazione attenta delle varie caratteristiche e delle esigenze specifiche dell'allevatore. Comprendere le differenze tra le specie di lumache è fondamentale per garantire il successo e la produttività dell'elicicoltura, fornendo una base solida per la gestione efficace di questi preziosi molluschi.

2. Requisiti ambientali delle diverse specie di lumache

I requisiti ambientali delle diverse specie di lumache costituiscono un elemento fondamentale da considerare nella pratica dell'elicicoltura, poiché influenzano direttamente la loro salute, crescita e produttività. Ogni specie di lumaca ha esigenze specifiche in termini di clima, temperatura, umidità, suolo e habitat, e comprendere queste necessità è cruciale per creare un ambiente ottimale per il loro sviluppo.

Innanzitutto, le diverse specie di lumache possono presentare variazioni significative nelle loro preferenze climatiche. Alcune specie, come la Helix aspersa, prosperano in climi temperati con temperature moderate e umidità elevata, mentre altre, come la Achatina fulica, si adattano meglio a climi tropicali o subtropicali con temperature più elevate e umidità costante. È quindi essenziale selezionare la specie di lumaca più adatta al clima e all'ambiente locale per garantire il loro benessere e la loro produttività.

Oltre al clima, le specie di lumache possono differire anche nei requisiti di temperatura. Alcune specie possono tollerare temperature più estreme, sia calde che fredde, mentre altre possono essere più sensibili a variazioni di temperatura e richiedere condizioni più stabili. Ad esempio, la Cornu aspersum è nota per la sua tolleranza a una vasta gamma di temperature, rendendola adatta a climi temperati, mentre la Achatina fulica preferisce temperature più elevate e può richiedere riscaldamento supplementare in climi più freddi.

L'umidità è un altro fattore ambientale cruciale per le lumache, poiché influisce sulla loro idratazione, respirazione e riproduzione. Alcune specie possono richiedere livelli di umidità elevati per mantenere la loro integrità strutturale del guscio e prevenire la disidratazione, mentre altre possono adattarsi a condizioni più asciutte. È importante monitorare regolarmente i livelli di umidità nell'ambiente di allevamento e fornire un'adeguata ventilazione e irrigazione per garantire condizioni ottimali per le lumache.

Infine, le specie di lumache possono variare anche nelle loro preferenze di suolo e habitat. Alcune specie prosperano in terreni ricchi di materia organica e ben drenati, mentre altre possono preferire suoli più compatti o argillosi. È importante preparare il terreno adeguatamente prima di introdurre le lumache, assicurandosi che soddisfi le loro esigenze nutrizionali e strutturali.

In conclusione, comprendere i requisiti ambientali delle diverse specie di lumache è essenziale per il successo dell'elicicoltura. Scegliere la specie più adatta al clima locale, monitorare attentamente la temperatura e l'umidità, e preparare un terreno appropriato sono tutte pratiche cruciali per garantire il benessere e la produttività delle lumache nell'ambiente di allevamento.

3. Adattabilità delle lumache alle condizioni locali

L'adattabilità delle lumache alle condizioni locali rappresenta un aspetto cruciale nell'elicicoltura, poiché influisce sulla loro capacità di sopravvivenza e crescita in diversi ambienti. Le lumache mostrano una sorprendente capacità di adattamento a una vasta gamma di condizioni ambientali, ma è importante considerare attentamente le caratteristiche specifiche di ciascuna specie e le condizioni locali prima di avviare un allevamento.

Innanzitutto, è essenziale valutare il clima e le condizioni meteorologiche della propria area geografica. Le lumache possono essere estremamente sensibili alle variazioni climatiche, con alcune specie che preferiscono climi temperati con temperature moderate e umidità elevata, mentre altre possono essere più adatte a climi caldi e aridi. Ad esempio, se si vive in un'area con inverni freddi e nevosi, potrebbe essere necessario adottare misure di protezione aggiuntive per mantenere le lumache al caldo e al riparo dalle intemperie durante i mesi più freddi.

Inoltre, è importante considerare le caratteristiche del terreno e dell'habitat locale. Le lumache possono prosperare in una varietà di substrati, tra cui terreni argillosi, sabbiosi o ricchi di humus. Tuttavia, è fondamentale assicurarsi che il terreno sia ben drenato per evitare ristagni d'acqua, che possono causare danni alle lumache e favorire lo sviluppo di malattie fungine o batteriche. Se necessario, è possibile apportare modifiche al terreno, come l'aggiunta di compost o materiale organico, per migliorare la sua struttura e fertilità.

Inoltre, è importante considerare la disponibilità di risorse alimentari nell'ambiente circostante. Le lumache si nutrono di una vasta gamma di materiale organico, tra cui foglie, erbe, frutta, verdure e detriti vegetali. Assicurarsi che ci siano sufficienti fonti di cibo disponibili per le lumache è essenziale per garantire la loro sopravvivenza e crescita ottimali. Se necessario, è possibile integrare la loro dieta con alimenti supplementari, come mangimi commerciali o integratori vitaminici, per garantire un apporto nutrizionale completo e bilanciato.

Infine, è importante considerare anche i potenziali rischi ambientali e le minacce alla sicurezza delle lumache. Questi possono includere predatori naturali, come uccelli, roditori o insetti, nonché fattori ambientali come l'inquinamento dell'aria o dell'acqua. Adottare misure di protezione, come l'installazione di recinzioni o l'uso di reti protettive, può aiutare a ridurre il rischio di predazione e proteggere le lumache dagli agenti esterni nocivi.

In conclusione, l'adattabilità delle lumache alle condizioni locali è essenziale per il successo dell'elicicoltura. Considerare attentamente il clima, il terreno, le risorse alimentari e i potenziali rischi ambientali può aiutare a creare un ambiente ottimale per la sopravvivenza e la crescita delle lumache, garantendo così il successo e la sostenibilità dell'allevamento.

4. Considerazioni sulla produttività e sulla crescita delle varie specie

Le considerazioni sulla produttività e sulla crescita delle varie specie di lumache sono cruciali per gli allevatori, poiché influenzano direttamente la redditività e il successo dell'elicicoltura. Ogni specie di lumaca presenta caratteristiche uniche che determinano il suo tasso di crescita, la sua prolificità e la sua capacità di produrre un numero significativo di esemplari utilizzabili per scopi commerciali o personali.

In primo luogo, è importante valutare il tasso di crescita delle diverse specie di lumache. Alcune specie, come la Helix aspersa, sono note per il loro rapido tasso di crescita e la loro capacità di raggiungere dimensioni commercialmente accettabili in un breve periodo di tempo. Questa specie può essere particolarmente adatta per i produttori che cercano di massimizzare la loro produzione e ottenere un ritorno sull'investimento più rapido possibile.

D'altra parte, altre specie, come la Cornu aspersum, possono avere un tasso di crescita più lento ma possono essere altrettanto produttive nel lungo termine. Queste specie possono richiedere più tempo per raggiungere le dimensioni desiderate, ma possono continuare a produrre lumache di alta qualità per un periodo di tempo prolungato, garantendo una produzione costante nel corso degli anni.

Oltre al tasso di crescita, è importante considerare anche la prolificità delle diverse specie di lumache. Alcune specie possono essere più prolifiche di altre, producendo un maggior numero di uova o piccoli durante il loro ciclo riproduttivo. Questo può influenzare la capacità dell'allevatore di aumentare il proprio gregge nel tempo e di mantenere una popolazione sana e robusta di lumache per scopi commerciali o personali.

Infine, è importante valutare anche la resa economica delle diverse specie di lumache. Ciò include non solo il tasso di crescita e la prolificità, ma anche il costo dei materiali e delle risorse necessarie per mantenere e allevare le lumache, nonché il valore di mercato delle lumache stesse. Ad esempio, alcune specie di lumache possono essere più richieste sul mercato e quindi avere un valore di vendita più elevato, mentre altre possono essere meno redditizie a causa di un mercato più saturo o di una minore domanda.

In conclusione, considerare attentamente la produttività e la crescita delle varie specie di lumache è essenziale per il successo dell'elicicoltura. Comprendere le caratteristiche uniche di ciascuna specie e valutare i loro tassi di crescita, prolificità e resa economica può aiutare gli allevatori a prendere decisioni informate sulla selezione delle specie più adatte alle proprie esigenze e obiettivi.

5. Aspetti nutrizionali e culinari delle diverse specie di lumache

Gli aspetti nutrizionali e culinari delle diverse specie di lumache rappresentano un elemento significativo da considerare per gli allevatori e gli appassionati di gastronomia. Ogni specie di lumaca presenta caratteristiche uniche che influenzano non solo il loro valore nutrizionale, ma anche il loro gusto, consistenza e adattabilità in cucina.

Dal punto di vista nutrizionale, le lumache sono una fonte eccellente di proteine di alta qualità, essenziali per la crescita e il mantenimento del tessuto muscolare. Contengono anche una varietà di vitamine e minerali, tra cui ferro, calcio, magnesio e vitamina A, che contribuiscono alla salute ossea, alla funzione immunitaria e alla visione. Inoltre, le lumache sono generalmente a basso contenuto di grassi e colesterolo, rendendole una scelta nutrizionalmente vantaggiosa per coloro che cercano di seguire una dieta equilibrata.

Dal punto di vista culinario, le diverse specie di lumache offrono una vasta gamma di opportunità gastronomiche. Alcune specie, come la Helix pomatia e la Helix lucorum, sono considerate prelibatezze culinarie in molte culture europee, grazie al loro sapore delicato e alla consistenza tenera della carne. Queste lumache sono spesso preparate in ricette elaborate, come la "escargot" francese, che prevede la cottura delle lumache in burro all'aglio e prezzemolo.

Altre specie, come la Achatina fulica e la Archachatina marginata, sono più comunemente consumate in molte regioni dell'Africa e dell'Asia, dove vengono utilizzate in una varietà di piatti tradizionali, come zuppe, stufati e piatti a base di riso. La carne di queste lumache è spesso apprezzata per la sua consistenza carnosa e il suo sapore robusto, che si presta bene a una vasta gamma di preparazioni culinarie.

È importante notare che le lumache possono anche essere un ingrediente versatile in cucina, in quanto possono essere preparate in una varietà di modi diversi, tra cui grigliate, fritte, bollite o saltate. La loro carne si presta bene a una vasta gamma di condimenti e aromi, consentendo agli chef di sperimentare e creare piatti unici e creativi.

In conclusione, comprendere gli aspetti nutrizionali e culinari delle diverse specie di lumache è fondamentale per sfruttare appieno il loro potenziale in cucina. Con una vasta gamma di sapori, consistenze e preparazioni disponibili, le lumache offrono un'opportunità unica per gli appassionati di gastronomia di esplorare nuovi territori culinari e sperimentare con ingredienti innovativi.

6. Resistenza alle malattie e ai parassiti delle lumache selezionate

La resistenza alle malattie e ai parassiti rappresenta un aspetto cruciale nella selezione delle specie di lumache da allevare, poiché influisce direttamente sulla salute e sulla sopravvivenza del gregge. Alcune specie di lumache possono mostrare una maggiore resistenza a determinate malattie o parassiti, rendendole più adatte per gli allevatori che cercano di minimizzare il rischio di perdite dovute a problemi sanitari.

Ad esempio, la Helix aspersa è nota per la sua robustezza e la sua resistenza a molte malattie comuni delle lumache, come la necrosi emolitica e la malattia dell'acqua. Questa specie è generalmente considerata più resistente rispetto ad altre e può prosperare anche in ambienti meno controllati, rendendola una scelta popolare tra gli allevatori principianti o coloro che desiderano un gregge più resistente e facile da gestire.

D'altra parte, alcune specie di lumache possono essere più suscettibili a determinate malattie o parassiti, rendendole più soggette a problemi sanitari e perdite nel gregge. Ad esempio, la Achatina fulica è nota per essere suscettibile alla contrazione della malattia di "ratto polmonare", che può essere trasmessa attraverso il contatto con roditori infetti. Gli allevatori che scelgono di allevare questa specie dovrebbero prestare particolare attenzione alle pratiche di igiene e alla prevenzione delle infezioni per ridurre il rischio di perdite.

Per mitigare i rischi associati alle malattie e ai parassiti, è fondamentale adottare una serie di misure preventive e di gestione del gregge. Queste possono includere la quarantena e l'esame sanitario delle nuove lumache prima di introdurle nel gregge esistente, il controllo regolare della salute e del benessere delle lumache e l'implementazione di pratiche di igiene rigorose per ridurre il rischio di diffusione di malattie e parassiti tra gli individui.

Inoltre, è importante monitorare da vicino le condizioni ambientali dell'allevamento, come la qualità dell'acqua, la temperatura e l'umidità, poiché queste possono influenzare la suscettibilità delle lumache alle malattie e ai parassiti. Mantenere un ambiente pulito e ben ventilato può aiutare a ridurre il rischio di infezioni e migliorare la salute complessiva del gregge.

In conclusione, la resistenza alle malattie e ai parassiti è un fattore chiave nella selezione delle specie di lumache da allevare. Comprendere le caratteristiche specifiche di ciascuna specie e adottare misure preventive e di gestione del gregge adeguate può aiutare gli allevatori a mantenere un gregge sano e produttivo nel lungo termine.

7. Approfondimento sulle preferenze di habitat delle diverse specie

L'approfondimento sulle preferenze di habitat delle diverse specie di lumache è fondamentale per garantire un ambiente ottimale per il loro benessere e la loro produttività. Ogni specie di lumaca ha esigenze specifiche in termini di habitat, che vanno dalla temperatura e umidità ideali alla composizione del terreno e alla disponibilità di cibo e rifugi.

Ad esempio, la Helix pomatia, comunemente conosciuta come lumaca di Borgogna, è originaria delle regioni europee con climi temperati. Questa specie preferisce habitat freschi e umidi, con una temperatura media compresa tra i 15°C e i 20°C e un'umidità relativa del 70-80%. In natura, si trovano spesso in boschi ombrosi e zone umide, dove possono trovare rifugi tra le foglie e il terreno umido.

Al contrario, la Achatina fulica, conosciuta anche come lumaca gigante africana, è originaria delle regioni tropicali dell'Africa occidentale. Questa specie predilige habitat caldi e umidi, con temperature medie tra i 20°C e i 30°C e un'umidità relativa superiore al 80%. In natura, si trovano spesso in zone boschive e giardini tropicali, dove possono trovare cibo e rifugi abbondanti.

Per quanto riguarda la composizione del terreno, le preferenze delle diverse specie di lumache possono variare notevolmente. Alcune specie, come la Helix aspersa, preferiscono terreni ricchi di calcio e pH neutro o leggermente alcalino, mentre altre, come la Cornu aspersum, possono tollerare una gamma più ampia di condizioni del suolo, compresi terreni più acidi.

È importante anche considerare la disponibilità di cibo e acqua nell'ambiente dell'allevamento. Le lumache sono erbivore onnivore e si nutrono di una varietà di materiali vegetali, come foglie, erbe e frutta. Assicurarsi che ci sia una fonte continua di cibo fresco e acqua pulita è essenziale per mantenere il benessere e la salute delle lumache.

Infine, è fondamentale fornire rifugi adeguati per le lumache, come rocce, tronchi o rifugi artificiali, dove possono nascondersi durante il giorno e riposare durante la notte. Questi rifugi possono aiutare a ridurre lo stress e la vulnerabilità delle lumache agli attacchi dei predatori, migliorando la loro sopravvivenza e produttività complessiva.

In conclusione, comprendere le preferenze di habitat delle diverse specie di lumache è essenziale per fornire loro un ambiente ottimale e favorire il loro benessere e la loro produttività. Adottare pratiche di gestione mirate e fornire condizioni ambientali ideali può contribuire a garantire il successo dell'elicicoltura e la salute a lungo termine del gregge.

8. Potenziali vantaggi economici nell'allevare specifiche specie di lumache

I potenziali vantaggi economici nell'allevare specifiche specie di lumache possono variare notevolmente in base a diversi fattori, tra cui la domanda di mercato, i costi di produzione, la produttività e la redditività. Ogni specie di lumaca ha caratteristiche uniche che possono influenzare il loro valore commerciale e la loro attrattiva per gli allevatori e i consumatori.

Una delle principali considerazioni economiche nell'allevamento delle lumache è la domanda di mercato per una determinata specie. Alcune specie di lumache, come la Helix pomatia e la Helix aspersa, sono considerate prelibatezze gastronomiche in molte culture e possono avere un valore di mercato più elevato rispetto ad altre specie. Gli allevatori che scelgono di allevare queste specie potrebbero quindi beneficiare di prezzi più alti per i loro prodotti e potenzialmente ottenere maggiori profitti.

Inoltre, la produttività e la velocità di crescita delle diverse specie di lumache possono influenzare i loro vantaggi economici. Alcune specie, come la Achatina fulica, sono note per la loro rapida crescita e la loro elevata prolificità, il che significa che possono essere prodotte in grandi quantità in tempi relativamente brevi. Questo può tradursi in una maggiore quantità di prodotti disponibili per la vendita e quindi in maggiori opportunità di profitto per gli allevatori.

I costi di produzione rappresentano un'altra considerazione importante per gli allevatori che cercano di massimizzare i loro vantaggi economici. Questi costi possono includere l'acquisto di lumache starter, l'acquisto di alimenti e materiali per l'allevamento, le spese per la manutenzione dell'habitat e le spese generali per la gestione del gregge. Alcune specie di lumache possono richiedere meno risorse e manutenzione rispetto ad altre, rendendole potenzialmente più economiche da allevare e gestire.

Infine, è importante considerare anche il potenziale di diversificazione delle entrate e la possibilità di sviluppare prodotti derivati dalle lumache. Oltre alla vendita di lumache fresche o congelate, gli allevatori possono anche esplorare opportunità di valore aggiunto, come la produzione di lumache essiccate, in scatola o trasformate in prodotti gourmet come salse e paté. Queste alternative possono contribuire a diversificare le entrate e ad aumentare la redditività complessiva dell'attività di allevamento delle lumache.

In conclusione, gli allevatori possono ottenere vantaggi economici significativi nell'allevare specifiche specie di lumache, ma è importante valutare attentamente i costi, la produttività e la domanda di mercato prima di prendere decisioni di investimento. Comprendere le caratteristiche uniche di ciascuna specie e adottare strategie di gestione mirate può aiutare gli allevatori a massimizzare i loro profitti e a ottenere successo nell'elicicoltura.

V. Costruzione di un habitat adatto per le lumache

1. Scelta del sito ideale per l'habitat delle lumache

La scelta del sito ideale per l'habitat delle lumache è un passaggio cruciale nell'avvio di un'attività di elicicoltura di successo. Diversi fattori devono essere presi in considerazione per assicurarsi che l'ambiente sia adatto alle esigenze delle lumache e favorisca la loro salute e produttività.

Innanzi tutto, è importante valutare le condizioni climatiche e ambientali della zona in cui si intende stabilire l'habitat. Le lumache prosperano in ambienti con temperature moderate e umidità elevata. Pertanto, è preferibile scegliere un luogo con un clima temperato, evitando aree soggette a temperature estreme o prolungate ondate di calore o freddo.

Inoltre, la posizione dell'habitat rispetto all'esposizione al sole e all'ombra deve essere attentamente considerata. Mentre le lumache apprezzano un po' di luce solare diretta durante il giorno, è essenziale fornire anche aree ombreggiate dove possano rifugiarsi per evitare il surriscaldamento eccessivo.

La topografia del terreno è un altro aspetto da tenere in considerazione. L'habitat delle lumache dovrebbe essere situato in un'area pianeggiante o leggermente inclinata per evitare ristagni d'acqua e per facilitare il drenaggio naturale. Le lumache non sopportano l'acqua stagnante, quindi è importante garantire un buon drenaggio per prevenire problemi di umidità e malattie.

La qualità del suolo è un altro fattore critico da considerare. Le lumache prosperano in terreni ricchi di sostanze organiche, con una consistenza morbida e ben drenata. Un terreno argilloso o troppo compatto può ostacolare il movimento delle lumache e compromettere la loro salute. Prima di stabilire l'habitat, è consigliabile eseguire un'analisi del suolo per valutare la sua composizione e apportare eventuali correzioni necessarie.

Infine, la vicinanza a fonti di cibo e acqua è fondamentale per garantire il benessere delle lumache. Assicurarsi che l'habitat sia situato in prossimità di aree ricche di vegetazione, come prati, giardini o boschi, dove le lumache possono trovare cibo naturale abbondante. Inoltre, è importante fornire una fonte continua di acqua pulita e fresca all'interno dell'habitat per mantenere le lumache idratate e sane.

In sintesi, la scelta del sito ideale per l'habitat delle lumache richiede una valutazione attenta di diversi fattori, tra cui le condizioni climatiche, la topografia del terreno, la qualità del suolo e la disponibilità di cibo e acqua. Scegliere un luogo che soddisfi tutte queste esigenze è fondamentale per garantire il successo dell'elicicoltura.

2. Progettazione e layout dell'area di allevamento

La progettazione e il layout dell'area di allevamento delle lumache sono cruciali per garantire un ambiente ottimale che favorisca la salute, il benessere e la produttività delle lumache stesse. La disposizione dell'habitat deve essere attentamente pianificata per massimizzare l'utilizzo dello spazio disponibile e facilitare le attività di gestione e manutenzione.

Per iniziare, è fondamentale determinare le dimensioni dell'area di allevamento in base al numero di lumache che si prevede di ospitare e alle esigenze specifiche della specie. È consigliabile dedicare una superficie sufficiente affinché le lumache possano muoversi liberamente, esplorare l'ambiente circostante e accedere facilmente alle risorse alimentari e idriche.

La disposizione degli elementi all'interno dell'area di allevamento è altrettanto importante. Ad esempio, è consigliabile posizionare le zone di riparo e rifugio in punti strategici dell'habitat, offrendo alle lumache luoghi sicuri dove ritirarsi in caso di necessità. Questi rifugi possono essere costituiti da materiali naturali come tronchi, rocce o foglie, o da strutture artificiali come capanne o tane appositamente progettate.

Inoltre, è consigliabile suddividere l'area di allevamento in zone specifiche per facilitare la gestione e la pulizia. Ad esempio, è possibile designare un'area per l'alimentazione, dove vengono posizionate le ciotole o i dispositivi di distribuzione del cibo, e un'area per l'abbeveraggio, dove viene collocata la fonte d'acqua per le lumache.

La disposizione di piante e vegetazione all'interno dell'habitat può anche influenzare l'ambiente e il benessere delle lumache. Le piante non solo forniscono cibo naturale alle lumache, ma possono anche contribuire a mantenere l'umidità e la temperatura dell'ambiente. È possibile integrare piante adatte alle lumache, come erbacee o arbusti resistenti al pascolo, per migliorare la qualità dell'habitat.

Nella progettazione dell'area di allevamento, è importante anche tenere conto delle esigenze di accessibilità per la gestione quotidiana delle lumache. Assicurarsi che l'habitat sia accessibile per l'ispezione, la pulizia e l'alimentazione, facilitando l'accesso agli angoli più remoti e garantendo che le attività di cura possano essere svolte in modo efficiente.

Infine, è consigliabile prendere in considerazione l'aspetto estetico dell'habitat, creando un ambiente gradevole e invitante non solo per le lumache ma anche per gli allevatori e gli osservatori. L'aggiunta di elementi decorativi come rocce decorative, piccoli laghetti artificiali o vialetti panoramici può contribuire a creare un ambiente piacevole e stimolante per tutte le parti coinvolte.

In conclusione, la progettazione e il layout dell'area di allevamento delle lumache richiedono una pianificazione attenta e una considerazione approfondita di diversi fattori, tra cui le dimensioni dell'area, la disposizione degli elementi, la presenza di piante e vegetazione, l'accessibilità e l'aspetto estetico. Una progettazione ben studiata può contribuire significativamente al successo dell'elicicoltura, fornendo un ambiente ottimale per la crescita e lo sviluppo delle lumache.

3. Materiali e strutture per la costruzione dell'habitat

La scelta dei materiali e delle strutture per la costruzione dell'habitat delle lumache è un passaggio fondamentale per assicurare un ambiente sicuro, confortevole e funzionale per le lumache. Diversi materiali possono essere utilizzati, ognuno con vantaggi e considerazioni specifiche da tenere in considerazione.

Per iniziare, per la costruzione del recinto esterno è consigliabile utilizzare materiali resistenti e duraturi, in grado di proteggere le lumache da predatori e intemperie. Il legno trattato è una scelta comune poiché è resistente alla decomposizione e offre una buona resistenza strutturale. È importante assicurarsi che il legno utilizzato sia privo di trattamenti chimici nocivi che potrebbero essere dannosi per le lumache.

Alternativamente, è possibile utilizzare materiali plastici o metallici per la costruzione del recinto esterno, garantendo che siano resistenti alla corrosione e alle intemperie. Le reti metalliche zincate o plastificate sono particolarmente adatte per questo scopo in quanto forniscono una barriera efficace contro i predatori senza compromettere la ventilazione e l'illuminazione dell'habitat.

Per la realizzazione delle strutture interne, come rifugi, ripari e nascondigli, è possibile utilizzare una varietà di materiali naturali e artificiali. Tronchi cavi, mattoni impilati, rocce sovrapposte e tegole spezzate possono essere utilizzati per creare rifugi naturali e nascondigli per le lumache, fornendo loro un ambiente confortevole e sicuro.

Inoltre, è consigliabile includere strutture artificiali come capanne o tane prefabbricate, progettate appositamente per le lumache. Queste strutture possono essere realizzate con materiali leggeri e resistenti, come plastica o fibra di vetro, e offrono un'opzione conveniente e facilmente accessibile per le lumache per nascondersi e riposarsi.

Per garantire un ambiente confortevole e ben drenato, è importante utilizzare substrati adatti all'interno dell'habitat delle lumache. Il substrato ideale dovrebbe essere morbido, poroso e in grado di trattenere l'umidità senza diventare eccessivamente bagnato. Materiali come torba, terriccio, cocco e sfagno sono opzioni popolari per il substrato delle lumache, poiché forniscono un ambiente confortevole e favoriscono la crescita delle piante.

Infine, è consigliabile includere accessori e arredi per arricchire l'ambiente dell'habitat delle lumache. Questi possono includere piante vive o artificiali, tronchi o rami da arrampicata, vasche o piatti per l'alimentazione e la distribuzione dell'acqua, e altre strutture per stimolare l'attività e il comportamento naturale delle lumache.

In conclusione, la scelta dei materiali e delle strutture per la costruzione dell'habitat delle lumache è un aspetto critico dell'elicicoltura che richiede attenzione e considerazione. Utilizzando materiali resistenti, duraturi e adatti alle esigenze delle lumache, è possibile creare un ambiente sicuro, confortevole e stimolante per il benessere e la produttività delle lumache.

4. Creazione di zone di riparo e rifugio per le lumache

La creazione di zone di riparo e rifugio all'interno dell'habitat delle lumache è un aspetto cruciale per garantire il loro benessere e la loro sicurezza. Queste zone forniscono agli animali luoghi sicuri dove potersi nascondere, riposare e sentirsi al sicuro, contribuendo così al loro equilibrio emotivo e alla loro capacità di adattamento all'ambiente circostante.

Per creare zone di riparo efficaci, è importante considerare diversi fattori, tra cui la dimensione dell'habitat, il numero di lumache presenti e le preferenze specifiche delle diverse specie. Un approccio comune consiste nell'installare una varietà di rifugi e nascondigli in diverse zone dell'habitat, fornendo così alle lumache molteplici opzioni per trovare un luogo adatto alle loro esigenze.

Tra i tipi di rifugi più comuni vi sono le capanne artificiali, che possono essere realizzate con materiali leggeri e resistenti come plastica o legno. Queste capanne offrono un riparo sicuro dalle intemperie e dai predatori e possono essere posizionate in diversi punti dell'habitat per massimizzare l'accessibilità per le lumache.

In aggiunta alle capanne, è consigliabile includere anche rifugi naturali come tronchi cavi, rocce sovrapposte e vegetazione densa. Questi elementi forniranno alle lumache opportunità di nascondersi in modo naturale e si integreranno armoniosamente con l'ambiente circostante, offrendo un ambiente più naturale e stimolante per gli animali.

È importante garantire che i rifugi siano distribuiti in modo uniforme nell'habitat e che siano facilmente accessibili dalle lumache. Posizionare i rifugi lungo i bordi dell'habitat e vicino alle aree di alimentazione e idratazione può aumentare la loro utilità e favorire l'esplorazione e l'attività delle lumache.

Inoltre, è consigliabile monitorare regolarmente i rifugi per garantire che siano in buone condizioni e che non siano invasi da parassiti o contaminati da agenti patogeni. Pulire periodicamente i rifugi e sostituire i materiali danneggiati o contaminati contribuirà a mantenere un ambiente sano e sicuro per le lumache.

In conclusione, la creazione di zone di riparo e rifugio all'interno dell'habitat delle lumache è un aspetto fondamentale dell'elicicoltura che richiede attenzione e cura. Fornire alle lumache una varietà di opzioni per trovare riparo e nascondiglio contribuirà al loro benessere complessivo e alla loro capacità di adattamento all'ambiente circostante.

5. Sistemi di controllo dell'umidità nell'habitat

Il controllo dell'umidità all'interno dell'habitat delle lumache è un aspetto critico per garantire il loro benessere e la loro sopravvivenza. Le lumache sono creature che dipendono fortemente dall'umidità per mantenere la loro idratazione e la funzione dei loro tessuti, quindi è essenziale creare un ambiente con livelli di umidità adeguati per soddisfare le loro esigenze fisiologiche.

Esistono diversi sistemi e tecniche che possono essere impiegati per mantenere l'umidità ottimale all'interno dell'habitat delle lumache. Uno dei metodi più comuni è l'utilizzo di substrati che trattenengono l'umidità, come torba, muschio o substrati composti da una miscela di terre e materiali organici. Questi substrati sono in grado di assorbire e trattenere l'acqua, mantenendo così un ambiente più umido per le lumache.

Inoltre, è possibile utilizzare sistemi di irrigazione o nebulizzazione per mantenere costantemente elevati i livelli di umidità. Questi sistemi possono essere automatizzati e regolati in base alle esigenze specifiche delle lumache e alle condizioni ambientali dell'habitat. Ad esempio, è possibile programmare l'irrigazione per essere attiva durante determinati periodi della giornata o quando i livelli di umidità scendono al di sotto di una soglia predefinita.

Un'altra strategia per controllare l'umidità è l'utilizzo di coperture o teli protettivi sull'habitat delle lumache. Questi teli possono essere realizzati con materiali impermeabili o semi-permeabili e posizionati sopra l'habitat per limitare l'evaporazione dell'acqua e mantenere l'umidità all'interno dell'ambiente. Tuttavia, è importante assicurarsi che vi sia una corretta ventilazione per evitare la formazione di muffe o muffe.

È anche possibile utilizzare recipienti per l'acqua all'interno dell'habitat delle lumache, che forniscono una fonte diretta di idratazione e contribuiscono a mantenere l'umidità dell'aria. Questi recipienti devono essere posizionati in modo strategico e controllati regolarmente per garantire che l'acqua sia pulita e non contaminata da batteri o parassiti.

Infine, è importante monitorare regolarmente i livelli di umidità all'interno dell'habitat utilizzando igrometri o altri strumenti di misurazione dell'umidità. Questo permette di identificare tempestivamente eventuali variazioni e prendere provvedimenti per correggere eventuali problemi di umidità che potrebbero compromettere la salute e il benessere delle lumache.

In conclusione, il controllo dell'umidità è un aspetto cruciale dell'elicicoltura che richiede attenzione e cura. Utilizzando una combinazione di substrati idrofili, sistemi di irrigazione, coperture protettive e monitoraggio regolare, è possibile creare un ambiente ottimale per le lumache, garantendo loro una buona salute e una crescita prospera.

6. Gestione termica: mantenere la temperatura ottimale per le lumache

La gestione termica è un altro aspetto fondamentale nell'allevamento delle lumache, poiché la temperatura dell'ambiente ha un impatto significativo sul loro metabolismo, sulla loro crescita e sul loro benessere generale. È essenziale mantenere una temperatura ottimale all'interno dell'habitat delle lumache per garantire che prosperino e si sviluppino correttamente.

La temperatura ideale per le lumache dipende dalla specie specifica, ma in generale si situa tra i 18°C e i 25°C. È importante mantenere la temperatura entro questi limiti per evitare stress termico e problemi di salute per le lumache. Tuttavia, è anche importante considerare le variazioni di temperatura durante il giorno e la notte, nonché durante le diverse stagioni dell'anno.

Per mantenere una temperatura ottimale, è possibile utilizzare una combinazione di metodi passivi e attivi di controllo termico. Tra i metodi passivi vi è l'isolamento dell'habitat per ridurre le variazioni di temperatura esterne e mantenere una temperatura più stabile all'interno. Questo può essere fatto utilizzando materiali isolanti per le pareti dell'habitat o posizionando l'habitat in un'area protetta dalle correnti d'aria e dagli agenti atmosferici.

Inoltre, è possibile utilizzare fonti di calore come lampade o riscaldatori per mantenere una temperatura costante all'interno dell'habitat. È importante posizionare queste fonti di calore in modo sicuro e regolarne l'intensità per evitare surriscaldamenti o sbalzi improvvisi di temperatura che potrebbero danneggiare le lumache.

Durante le stagioni più fredde, potrebbe essere necessario aumentare leggermente la temperatura dell'habitat per evitare il rischio di ipotermia per le lumache. Ciò può essere fatto utilizzando coperte termiche o coperture isolanti intorno all'habitat, nonché aumentando leggermente l'intensità delle fonti di calore.

D'altra parte, durante le stagioni più calde, è importante evitare il surriscaldamento dell'habitat. È possibile farlo fornendo adeguata ventilazione e ombreggiatura, riducendo l'intensità delle fonti di calore e posizionando l'habitat in un'area più fresca e ombreggiata.

Infine, è fondamentale monitorare regolarmente la temperatura all'interno dell'habitat utilizzando termometri o termoigrometri. Questo permette di rilevare tempestivamente eventuali variazioni e prendere provvedimenti per correggere eventuali problemi di temperatura che potrebbero influire sulle lumache.

In conclusione, una gestione termica accurata è essenziale per il successo dell'elicicoltura. Mantenere una temperatura ottimale all'interno dell'habitat delle lumache contribuisce al loro benessere generale e alla crescita sana. Utilizzando una combinazione di metodi passivi e attivi di controllo termico, è possibile creare un ambiente confortevole e sicuro per le lumache, consentendo loro di prosperare e raggiungere il loro pieno potenziale.

7. Sistemi di alimentazione e distribuzione del cibo

I sistemi di alimentazione e distribuzione del cibo sono cruciali per garantire che le lumache ricevano la quantità adeguata di nutrimento e che questo sia distribuito in modo efficiente all'interno dell'habitat. Poiché le lumache sono animali erbivori e si nutrono principalmente di materiale vegetale in decomposizione, è importante fornire loro una dieta equilibrata e accessibile.

Una delle opzioni più comuni per alimentare le lumache è utilizzare alimentatori specializzati progettati appositamente per questo scopo. Gli alimentatori possono essere costituiti da contenitori poco profondi riempiti con cibo, come verdure tritate, erbe fresche o mangimi specifici per lumache. È importante posizionare gli alimentatori in modo che siano facilmente accessibili alle lumache e che il cibo rimanga fresco e privo di contaminazioni.

Un'altra opzione è distribuire il cibo direttamente sull'habitat delle lumache, ad esempio spargendo pezzi di verdura o erbe lungo il terreno. Questo metodo simula più da vicino l'ambiente naturale delle lumache, consentendo loro di nutrirsi in modo più naturale e di esprimere comportamenti di ricerca del cibo. Tuttavia, è importante rimuovere eventuali avanzi di cibo non consumato per evitare la decomposizione e la formazione di muffe che potrebbero essere dannose per le lumache.

In alcuni casi, potrebbe essere necessario integrare la dieta delle lumache con integratori alimentari o mangimi specifici, specialmente se l'habitat naturale delle lumache non fornisce una quantità sufficiente di nutrienti. Questi integratori possono essere somministrati occasionalmente, seguendo le dosi consigliate per garantire un apporto nutrizionale adeguato.

È anche importante considerare la frequenza e la quantità di cibo da fornire alle lumache. Generalmente, è consigliabile alimentare le lumache una o due volte al giorno, fornendo loro una quantità di cibo sufficiente a soddisfare il loro fabbisogno nutrizionale senza sprechi. Inoltre, è importante monitorare attentamente il consumo di cibo da parte delle lumache e regolare di conseguenza la quantità fornita per evitare sovralimentazione o carenze alimentari.

Infine, è fondamentale mantenere puliti gli alimentatori e l'habitat delle lumache per prevenire contaminazioni batteriche o fungine che potrebbero danneggiare la salute delle lumache. È consigliabile pulire regolarmente gli alimentatori e rimuovere eventuali avanzi di cibo non consumato per mantenere un ambiente igienico e sicuro per le lumache.

In conclusione, un sistema di alimentazione e distribuzione del cibo ben progettato e gestito è essenziale per garantire il benessere e la salute delle lumache allevate in cattività. Fornire loro una dieta equilibrata, accessibile e priva di contaminazioni è fondamentale per consentire loro di crescere e prosperare.

8. Soluzioni per la gestione dei rifiuti e la pulizia dell'habitat

La gestione dei rifiuti e la pulizia dell'habitat sono aspetti fondamentali nell'allevamento di lumache, poiché contribuiscono alla salute e al benessere degli animali, nonché alla prevenzione di malattie e problemi ambientali. Esistono diverse soluzioni pratiche e strategie efficaci per gestire i rifiuti prodotti dalle lumache e mantenere pulito l'ambiente in cui vivono.

Una delle prime considerazioni nella gestione dei rifiuti è la scelta del substrato appropriato. Un substrato adeguato dovrebbe favorire la decomposizione dei rifiuti organici prodotti dalle lumache, come avanzi di cibo, escrementi e materiale vegetale in decomposizione. Materiali come torba, cocco o terriccio misto a humus possono essere utilizzati per fornire un ambiente favorevole alla decomposizione dei rifiuti e alla crescita delle piante.

Inoltre, è importante mantenere una buona ventilazione nell'habitat delle lumache per evitare accumuli di umidità e muffe, che potrebbero danneggiare la salute delle lumache e causare cattivi odori. L'uso di ventilatori o aperture di ventilazione regolabili può aiutare a mantenere un ambiente ben aerato e ad evitare la formazione di condensa e umidità eccessiva.

Per quanto riguarda la pulizia dell'habitat, è consigliabile rimuovere regolarmente i rifiuti accumulati, come avanzi di cibo non consumato e materiale vegetale in decomposizione. Questo può essere fatto manualmente utilizzando una piccola paletta o una spatola per raschiare il substrato e rimuovere i rifiuti solidi. In alternativa, è possibile utilizzare un aspirapolvere a bassa potenza per aspirare i rifiuti senza disturbare eccessivamente le lumache.

Un'altra soluzione per gestire i rifiuti è l'uso di compostiere integrate nell'habitat delle lumache. Le compostiere consentono alle lumache di decomporre direttamente i rifiuti organici, trasformandoli in compost ricco di nutrienti che può essere utilizzato per fertilizzare il terreno delle piante. Questo approccio non solo riduce la quantità di rifiuti prodotti, ma fornisce anche un beneficio aggiuntivo sotto forma di compost di alta qualità.

Inoltre, è importante monitorare regolarmente l'habitat delle lumache per individuare eventuali segni di accumulo eccessivo di rifiuti, muffe o altri problemi ambientali. Se necessario, è possibile intervenire tempestivamente rimuovendo i rifiuti in eccesso, migliorando la ventilazione o regolando altri parametri ambientali per ripristinare un ambiente sano per le lumache.

In conclusione, una gestione efficace dei rifiuti e della pulizia dell'habitat è essenziale per mantenere un ambiente sano e sicuro per le lumache allevate in cattività. Utilizzando una combinazione di substrati adeguati, ventilazione adeguata, pulizia regolare e compostaggio, è possibile garantire il benessere e la salute delle lumache mentre si riduce l'impatto ambientale dell'allevamento.

VI. Acquisto e gestione delle lumache

1. Selezionare le Specie Ideali: Quali Lumache Scegliere

Quando si intraprende l'avventura dell'elicicoltura, una delle decisioni più cruciali da prendere è la selezione delle specie di lumache da allevare. La vasta diversità nel regno delle lumache offre un'ampia gamma di opzioni, ognuna con le proprie caratteristiche uniche e esigenze specifiche. La scelta della specie giusta dipende da una serie di fattori, tra cui il clima locale, le risorse disponibili, gli obiettivi dell'allevamento e le preferenze personali del coltivatore.

Una delle prime considerazioni da tenere presente è il clima della regione in cui si intende stabilire l'allevamento. Alcune specie di lumache prosperano in climi temperati, mentre altre sono più adatte a climi caldi o freddi. È essenziale selezionare una specie che sia adattata alle condizioni climatiche locali per garantire il successo dell'allevamento e la salute delle lumache.

Oltre al clima, è importante considerare anche le risorse disponibili, come il terreno e l'ambiente circostante. Alcune specie di lumache richiedono habitat specifici, come terreni umidi o boscosi, mentre altre possono adattarsi a una gamma più ampia di ambienti. Valutare attentamente le risorse disponibili può aiutare a determinare quale specie sia più adatta alle proprie circostanze.

Gli obiettivi dell'allevamento sono un altro fattore determinante nella scelta delle specie di lumache. Se l'obiettivo principale è la produzione commerciale di carne di lumaca, potrebbe essere preferibile optare per specie con una crescita rapida e un alto tasso di conversione del cibo. D'altra parte, se si mira alla diversificazione degli ecosistemi agricoli o al mantenimento di un equilibrio ecologico, si potrebbero preferire specie autoctone o che non competono con le colture alimentari.

Infine, le preferenze personali del coltivatore giocano un ruolo significativo nella scelta delle specie di lumache. Alcuni potrebbero essere affascinati dalle lumache terrestri per il loro comportamento affascinante, mentre altri potrebbero essere attratti dalle lumache d'acqua dolce per la loro bellezza e versatilità. Considerare le preferenze personali può rendere l'esperienza di allevamento più gratificante e appagante.

In definitiva, la selezione delle specie ideali di lumache è un processo ponderato che richiede la valutazione di diversi fattori. Scegliere saggiamente le specie più adatte alle proprie esigenze e alle condizioni ambientali può portare a un'esperienza di allevamento gratificante e di successo.

2. Fonti Affidabili: Dove Acquistare Lumache di Qualità

Acquistare lumache di alta qualità è essenziale per avviare con successo un allevamento e garantire la salute e la produttività del tuo guscio. Tuttavia, trovare fonti affidabili può essere una sfida, data la varietà di opzioni disponibili sul mercato. Fortunatamente, esistono diverse strategie e risorse che puoi utilizzare per identificare fornitori affidabili e acquistare lumache di alta qualità.

Una delle prime risorse da esplorare sono i produttori e i rivenditori specializzati nel settore dell'elicicoltura. Questi professionisti hanno spesso una vasta esperienza nel settore e offrono lumache di alta qualità selezionate e ben curate. Puoi trovare tali fornitori online tramite siti web specializzati o forum di settore, dove gli allevatori condividono le loro esperienze e raccomandazioni.

Inoltre, è consigliabile cercare consigli e raccomandazioni da parte di altri allevatori esperti o associazioni di settore. Partecipare a eventi e fiere dell'elicicoltura può offrire l'opportunità di incontrare personalmente fornitori affidabili e scambiare informazioni con altri appassionati del settore. Inoltre, le associazioni di allevatori possono fornire elenchi di fornitori raccomandati e promuovere best practices nell'acquisto e nella gestione delle lumache.

Un'altra fonte affidabile per l'acquisto di lumache di alta qualità sono le aziende agricole e gli allevamenti locali che si specializzano nell'elicicoltura. Queste aziende spesso offrono lumache fresche e ben adattate alle condizioni locali, e possono fornire anche consulenza personalizzata sulla gestione e l'allevamento delle lumache.

È importante fare attenzione alle fonti di approvvigionamento informali, come i venditori non autorizzati o le lumache raccolte in natura. Queste fonti possono comportare rischi per la salute delle lumache e possono non essere conformi alle normative locali sull'allevamento e la vendita di lumache. Optare sempre per fornitori affidabili e legalmente autorizzati per garantire la qualità e la conformità del tuo stock di lumache.

In conclusione, selezionare fonti affidabili per l'acquisto di lumache di alta qualità è fondamentale per il successo dell'allevamento. Utilizzare risorse come produttori specializzati, associazioni di settore e aziende agricole locali può aiutare a garantire che le lumache acquistate siano sane, adattate alle condizioni locali e conformi alle normative di settore. Presta sempre attenzione alle fonti informali e opta per fornitori legalmente autorizzati per evitare rischi per la salute e la conformità.

3. Pianificare l'Approvvigionamento: Quantità e Proporzioni Ottimali

Pianificare con cura l'approvvigionamento delle lumache è cruciale per garantire un inizio senza problemi e una gestione efficiente dell'allevamento nel lungo periodo. Prima di procedere con l'acquisto, è importante stabilire con precisione le quantità e le proporzioni ottimali di lumache necessarie in base alle dimensioni dell'habitat, agli obiettivi di produzione e alle risorse disponibili.

Per determinare le quantità di lumache da acquistare, è essenziale valutare la capacità dell'habitat e calcolare la densità di popolazione desiderata. Questo processo richiede una valutazione attenta dei parametri ambientali, come la superficie disponibile, la ventilazione, l'umidità e la temperatura, al fine di garantire condizioni ottimali per il benessere e la crescita delle lumache. Inoltre, è importante considerare la produttività stimata di ciascuna specie di lumaca e le esigenze di spazio individuale per evitare sovraffollamenti e stress.

Una volta determinata la quantità totale di lumache necessarie, è importante stabilire le proporzioni ottimali tra le diverse specie, se si intende ospitare più di una varietà nell'habitat. Questa decisione dipende da diversi fattori, tra cui le preferenze di mercato, le condizioni ambientali e la compatibilità tra le specie. Ad esempio, alcune specie di lumache preferiscono habitat con diversi livelli di umidità o temperatura, mentre altre possono avere esigenze dietetiche specifiche che devono essere prese in considerazione.

Un'altra considerazione importante è la pianificazione delle fasi di rifornimento nel corso del ciclo di vita delle lumache. Poiché le lumache hanno un tasso di crescita variabile e possono essere soggette a mortalità, è consigliabile stabilire un programma di rifornimento periodico per mantenere una popolazione stabile e soddisfare la domanda dei clienti. Questo può includere la suddivisione degli acquisti in lotti stagionali o la pianificazione di cicli di allevamento sequenziali per garantire una produzione costante nel tempo.

Inoltre, è importante considerare la possibilità di integrare l'approvvigionamento con programmi di riproduzione in loco, se lo spazio e le risorse lo consentono. La riproduzione delle lumache può offrire vantaggi in termini di costi a lungo termine e può contribuire a mantenere una popolazione stabile e adattata alle condizioni locali.

In definitiva, pianificare con cura l'approvvigionamento delle lumache è fondamentale per il successo dell'allevamento. Questo processo richiede una valutazione attenta delle dimensioni dell'habitat, delle esigenze ambientali e delle preferenze di produzione, al fine di garantire una gestione efficiente e sostenibile dell'allevamento nel tempo.

4. Trasporto Sicuro: Procedure per il Trasferimento delle Lumache

Il trasporto sicuro delle lumache è un passaggio critico nell'acquisto e nella gestione di questi delicati molluschi. È essenziale garantire che le lumache vengano spostate in modo sicuro e confortevole per ridurre al minimo lo stress e il rischio di danni durante il trasporto. Ecco alcune procedure pratiche da seguire per assicurare un movimento sicuro delle lumache:

1. **Preparazione dell'Imballaggio:** Prima di trasportare le lumache, assicurarsi di avere a disposizione contenitori o scatole adatte al loro trasporto. È consigliabile utilizzare recipienti ben aerati e dotati di materiale assorbente per mantenere un'adeguata umidità durante il viaggio.
2. **Protezione dalle Vibrazioni:** Le lumache sono sensibili alle vibrazioni e agli urti. Durante il trasporto, evitare movimenti bruschi o accelerazioni improvvisi che potrebbero causare danni alle lumache o stress eccessivo. È consigliabile gestire delicatamente i contenitori e evitare di agitarli o sbatterli.
3. **Controllo della Temperatura:** Le lumache sono sensibili alle variazioni di temperatura. Durante il trasporto, assicurarsi che le lumache siano mantenute a una temperatura stabile e adatta alla loro specie. È possibile utilizzare materiali isolanti o dispositivi di riscaldamento o raffreddamento, a seconda delle esigenze specifiche delle lumache e delle condizioni meteorologiche.
4. **Fornire Adeguata Ventilazione:** Assicurarsi che i contenitori utilizzati per il trasporto delle lumache siano ben ventilati per garantire un adeguato flusso d'aria. Ciò aiuterà a evitare l'accumulo di umidità e a mantenere un ambiente confortevole per le lumache durante il viaggio.

5. **Evitare Sovraffollamento:** Durante il trasporto, assicurarsi di non sovraffollare i contenitori con un numero eccessivo di lumache. Un'eccessiva densità di popolazione può aumentare lo stress e compromettere il benessere delle lumache. Assicurarsi che ci sia spazio sufficiente per consentire alle lumache di muoversi liberamente e di respirare comodamente.

6. **Monitoraggio Costante:** Durante il trasporto, è importante monitorare costantemente le condizioni delle lumache e dell'ambiente circostante. Verificare regolarmente la temperatura, l'umidità e lo stato di salute delle lumache per assicurarsi che stiano viaggiando in condizioni ottimali.

Seguendo queste procedure di trasporto, è possibile garantire un movimento sicuro e confortevole delle lumache, riducendo al minimo lo stress e il rischio di danni durante il viaggio. Prestare attenzione ai dettagli e assicurarsi di adottare misure precauzionali adeguate può fare la differenza nel garantire la salute e il benessere delle lumache durante il trasporto.

5. Introduzione nell'Habitat: Accoglienza nelle Nuove Dimore

L'introduzione delle lumache nel loro nuovo habitat è un momento critico che richiede cura e attenzione per garantire una transizione senza stress e un adattamento ottimale. Ecco alcuni passaggi pratici da seguire per accogliere le lumache nelle loro nuove dimore:

1. **Preparazione dell'Habitat:** Prima di introdurre le lumache, assicurarsi che l'habitat sia completamente allestito e pronto ad accoglierle. Controllare che la temperatura, l'umidità e altri parametri ambientali siano adatti alla specie di lumache che si sta ospitando. Inoltre, assicurarsi che ci siano rifugi, nascondigli e aree di alimentazione ben posizionate all'interno dell'habitat.
2. **Graduale Adattamento:** È consigliabile introdurre le lumache gradualmente nel loro nuovo ambiente. Questo può essere fatto permettendo loro di esplorare lentamente l'habitat o posizionando i loro vecchi rifugi o substrati nel nuovo habitat per fornire un senso di familiarità. Evitare di trasferire le lumache direttamente da un ambiente all'altro, poiché ciò potrebbe causare stress e disagio.
3. **Monitoraggio dell'Adattamento:** Durante le prime ore e i primi giorni dopo l'introduzione, monitorare attentamente le lumache per osservare segni di stress o disagio. Prestare particolare attenzione al loro comportamento, alla loro attività e alla loro risposta all'ambiente circostante. Assicurarsi che abbiano accesso a cibo fresco e acqua pulita durante questo periodo critico di adattamento.
4. **Fornire un Ambiente Familiare:** Per favorire un adattamento ottimale, cercare di riprodurre nell'habitat alcune caratteristiche dell'ambiente naturale delle lumache. Ad esempio, utilizzare substrati naturali come torba o terriccio, fornire piante vive per l'arrampicata e la fornitura di calcio, e posizionare rocce o radici per creare nascondigli e rifugi.

5. **Evitare Disturbi e Stress:** Durante il periodo di introduzione, evitare di disturbare e manipolare eccessivamente le lumache. Mantenere l'habitat tranquillo e privo di disturbi esterni che potrebbero causare stress aggiuntivo. Limitare l'accesso a zone ad alto traffico o a fonti di rumore e vibrazioni che potrebbero disturbare le lumache durante il loro adattamento.

Seguendo questi passaggi, è possibile facilitare una transizione senza stress e un adattamento ottimale delle lumache nel loro nuovo habitat. Prestare attenzione ai dettagli e offrire un ambiente accogliente e familiare contribuirà a garantire il benessere e la felicità delle lumache nella loro nuova casa.

6. Gestione degli Stock: Monitoraggio e Controllo delle Popolazioni

La gestione degli stock di lumache è fondamentale per mantenere un equilibrio sano e sostenibile all'interno dell'habitat. Un monitoraggio regolare e un controllo attento delle popolazioni consentono di prevenire sovrappopolazioni, garantire risorse sufficienti e promuovere la salute generale delle lumache. Ecco alcuni passaggi pratici per gestire gli stock con successo:

1. **Monitoraggio delle Popolazioni:** Effettuare regolarmente un censimento delle lumache presenti nell'habitat. Questo può essere fatto manualmente o utilizzando metodi non invasivi come il conteggio visivo o l'utilizzo di trappole. Tenere traccia del numero di lumache adulti e giovani per valutare la salute e la vitalità della popolazione.

2. **Valutazione della Salute:** Durante il monitoraggio, prestare attenzione alla salute e al benessere delle lumache. Osservare segni di malattie, parassiti o lesioni e intervenire tempestivamente se necessario. Mantenere un registro delle condizioni fisiche e comportamentali delle lumache per rilevare eventuali cambiamenti nel tempo.

3. **Controllo delle Popolazioni:** Se necessario, adottare misure per controllare le popolazioni di lumache e prevenire sovrappopolazioni. Ciò potrebbe includere la rimozione selettiva di lumache in eccesso, la sterilizzazione per evitare la riproduzione non controllata o la suddivisione degli stock in gruppi gestibili in base alle dimensioni dell'habitat disponibile.

4. **Regolazione dell'Alimentazione:** Gestire attentamente l'alimentazione per evitare squilibri nutrizionali e competizione eccessiva per le risorse. Fornire quantità adeguate di cibo in base alla dimensione e al numero delle lumache presenti e regolare l'alimentazione in base alle esigenze stagionali e alle fasi di crescita.

5. **Promuovere la Riproduzione Sostenibile:** Se l'obiettivo è quello di mantenere una popolazione stabile nel tempo, è importante promuovere una riproduzione sostenibile. Monitorare attentamente il tasso di crescita della popolazione e regolare le condizioni ambientali, l'alimentazione e altri fattori per favorire una crescita controllata e sostenibile delle lumache.

6. **Interventi Preventivi:** Prevenire i problemi prima che si verifichino è spesso più efficace che risolverli una volta che sono diventati gravi. Pertanto, adottare misure preventive come il controllo regolare delle condizioni dell'habitat, la quarantena per le lumache nuove prima dell'introduzione nell'habitat principale e l'implementazione di pratiche di igiene e pulizia per ridurre il rischio di malattie e parassiti.

7. **Adattare le Strategie in Base alle Esigenze:** Ogni habitat e ogni popolazione di lumache sono unici, quindi è importante adattare le strategie di gestione in base alle specifiche esigenze e alle condizioni ambientali. Mantenere flessibilità e prontezza nell'adottare nuove pratiche o modificare le strategie esistenti in base alle osservazioni e alle necessità che emergono nel tempo.

Il monitoraggio e il controllo attento delle popolazioni di lumache sono fondamentali per garantire una gestione efficace e sostenibile degli stock. Investire tempo ed energia nella gestione delle popolazioni contribuirà a mantenere un ambiente equilibrato e prospero per le lumache, promuovendo il loro benessere e la loro produttività nel lungo termine.

7. Cure Preliminari: Adattamento e Trattamento Iniziale delle Lumache

Prima di immergersi nell'allevamento delle lumache, è fondamentale dedicare tempo alle cure preliminari per garantire che gli esemplari siano pronti per l'ambiente di allevamento. Questo processo iniziale include diverse fasi cruciali che preparano le lumache per la nuova casa e minimizzano lo stress durante il trasferimento.

1. **Adattamento all'Ambiente:** Le lumache hanno bisogno di tempo per adattarsi all'ambiente dell'allevamento. È consigliabile lasciarle riposare in una zona tranquilla per almeno 24 ore prima di introdurle nel nuovo habitat. Durante questo periodo, assicurarsi che le condizioni siano ottimali in termini di temperatura e umidità.

2. **Trattamento Iniziale:** Prima di trasferire le lumache nell'allevamento, è importante esaminarle attentamente per individuare eventuali segni di malattie o parassiti. Qualsiasi lumaca che mostri sintomi di malattia o danni dovrebbe essere isolata e trattata adeguatamente prima di essere introdotta nell'ambiente principale.
3. **Controllo delle Condizioni di Conservazione:** Verificare che le condizioni di conservazione delle lumache durante il trasporto siano adeguate. Assicurarsi che siano mantenute a una temperatura e umidità costanti e che siano protette da urti o movimenti bruschi che potrebbero causare danni.
4. **Alimentazione Preliminare:** Durante il periodo di adattamento, è consigliabile fornire alle lumache un'opportunità per alimentarsi con piccole quantità di cibo fresco e pulito. Questo aiuterà a stimolare l'appetito e a garantire che le lumache siano in buone condizioni di salute prima del trasferimento nell'allevamento.

Prendersi cura delle lumache durante questa fase iniziale è essenziale per stabilire una solida base per un allevamento di successo. Seguendo attentamente queste procedure preliminari, è possibile garantire che le lumache siano pronte per prosperare nell'ambiente di allevamento e raggiungere il loro pieno potenziale.

8. Rispettare le Normative: Aspetti Legali nell'Acquisto e nella Gestione

Nell'ambito dell'acquisto e della gestione delle lumache, è fondamentale comprendere e rispettare le normative e le leggi vigenti. Questo non solo garantisce il rispetto delle regole legali, ma contribuisce anche a proteggere l'ambiente, la salute umana e il benessere animale. Ecco alcuni aspetti legali da considerare durante l'acquisto e la gestione delle lumache:

1. **Normative Ambientali:** Prima di avviare un'attività di allevamento di lumache, è essenziale informarsi sulle normative ambientali locali e nazionali. Queste normative possono riguardare la gestione delle acque, la conservazione della biodiversità e la tutela degli ecosistemi. Assicurarsi di ottenere tutte le autorizzazioni e le licenze necessarie prima di iniziare l'attività.
2. **Normative Sanitarie:** Le lumache destinate al consumo umano devono rispettare rigorosi standard sanitari. Questi standard possono riguardare la qualità dell'acqua, le pratiche di alimentazione, l'igiene dell'habitat e la gestione dei rifiuti. Assicurarsi di seguire tutte le normative sanitarie pertinenti per garantire la sicurezza alimentare e prevenire eventuali rischi per la salute pubblica.
3. **Legislazione sulla Biodiversità:** Alcuni paesi hanno normative specifiche che regolano l'importazione, l'esportazione e la commercializzazione di specie vegetali e animali, comprese le lumache. Prima di acquistare lumache da fonti esterne, assicurarsi di essere a conoscenza di tali normative e di rispettarle per evitare problemi legali e ambientali.
4. **Benessere Animale:** Anche se le lumache sono invertebrati, il loro benessere è comunque importante. Alcuni paesi hanno normative che regolano il trattamento etico degli animali, comprese le lumache. Assicurarsi di fornire un ambiente adeguato e di gestire le lumache in modo rispettoso per garantire il loro benessere e conformarsi alle normative vigenti.

5. **Etichettatura e Tracciabilità:** Nel caso delle lumache destinate al consumo umano, è importante seguire le normative sull'etichettatura e sulla tracciabilità degli alimenti. Queste normative possono includere requisiti riguardanti l'etichettatura accurata degli alimenti, l'indicazione dell'origine delle lumache e altre informazioni pertinenti per i consumatori.
6. **Contratti e Accordi Commerciali:** Quando si acquistano lumache da fornitori o allevatori, è consigliabile stipulare contratti o accordi commerciali chiari e dettagliati. Questi documenti dovrebbero specificare le condizioni di vendita, le responsabilità delle parti e qualsiasi altra clausola rilevante. In questo modo, è possibile prevenire dispute e risolvere eventuali controversie in modo rapido ed efficace.

Rispettare le normative e le leggi pertinenti è fondamentale per garantire un'attività di allevamento di lumache legale, sostenibile ed etica. Assicurarsi di essere a conoscenza di tutte le normative applicabili e di adottare le misure necessarie per conformarsi a esse è essenziale per evitare problemi legali e promuovere pratiche responsabili nell'elicicoltura.

VII. Alimentazione delle lumache: tipi di cibo e dieta equilibrata

1. Introduzione all'alimentazione delle lumache

L'alimentazione delle lumache è un aspetto cruciale per garantire il loro benessere e la loro salute in un ambiente domestico. Le lumache sono creature dall'appetito vorace, e la loro dieta varia a seconda della specie, delle condizioni ambientali e delle preferenze individuali. È importante capire i principi fondamentali dell'alimentazione delle lumache per fornire loro una dieta equilibrata che favorisca la crescita ottimale e la vitalità. In questo capitolo, esploreremo in dettaglio i diversi tipi di cibo adatti per le lumache, la composizione di una dieta equilibrata, i consigli pratici per l'alimentazione e il monitoraggio dell'alimentazione e della nutrizione delle lumache.

Per garantire il benessere delle lumache, è essenziale comprendere le loro esigenze alimentari e fornire loro una varietà di alimenti nutrienti. Le lumache sono animali erbivori, ma alcune specie possono essere anche onnivore o carnivore in natura. Pertanto, è importante considerare le preferenze alimentari specifiche della specie che si intende allevare. Alcune lumache preferiscono nutrirsi di verdure fresche e fogliame, mentre altre possono essere attratte da alimenti proteici come insetti, uova o carne. La disponibilità di cibo fresco e di alta qualità è fondamentale per garantire una buona salute e una crescita ottimale delle lumache.

Un altro aspetto cruciale dell'alimentazione delle lumache è la corretta composizione della dieta. Le lumache hanno bisogno di una dieta equilibrata che fornisca loro tutti i nutrienti essenziali di cui hanno bisogno per crescere e prosperare. Questi nutrienti includono proteine, carboidrati, grassi, fibre, vitamine e minerali. È importante fornire loro una varietà di alimenti per garantire che ricevano tutti i nutrienti di cui hanno bisogno. Ad esempio, le verdure a foglia verde sono una fonte eccellente di fibre, vitamine e minerali, mentre gli alimenti proteici come le uova o il pesce possono fornire loro le proteine necessarie per la crescita e lo sviluppo muscolare.

Oltre a fornire una dieta equilibrata, è essenziale seguire alcuni consigli pratici per alimentare correttamente le lumache. Ad esempio, è consigliabile evitare il sovraffollamento del cibo per ridurre il rischio di contaminazione e muffa. Inoltre, è importante fornire una fonte costante di acqua fresca per mantenere le lumache idratate, specialmente durante i periodi caldi o secchi. Monitorare attentamente l'alimentazione delle lumache e osservare eventuali cambiamenti nel loro comportamento o nella loro salute può aiutare a identificare tempestivamente eventuali problemi alimentari o di salute.

In conclusione, l'alimentazione delle lumache è un aspetto cruciale della loro cura e gestione in un ambiente domestico. Comprendere i principi fondamentali dell'alimentazione delle lumache, fornire loro una dieta equilibrata e seguire consigli pratici per l'alimentazione e il monitoraggio può contribuire al loro benessere e alla loro salute complessiva.

2. Tipi di cibo adatti per le lumache

I tipi di cibo adatti per le lumache dipendono dalla loro specie, dalle preferenze individuali e dalle condizioni ambientali. Le lumache sono generalmente erbivore, ma alcune specie possono essere anche onnivore o carnivore in natura. Di seguito, esploreremo una varietà di alimenti adatti per le lumache, fornendo esempi pratici e consigli utili per garantire una dieta equilibrata e nutriente per questi affascinanti molluschi.

1. **Verdure a foglia verde:** Le verdure come la lattuga, gli spinaci, il cavolo e il prezzemolo sono ricche di fibre, vitamine e minerali essenziali per la salute delle lumache. Queste verdure forniscono un'ottima fonte di nutrizione e possono essere offerte sia crude che cotte, a seconda delle preferenze della specie.

2. **Frutta fresca:** Frutta come le mele, le pere, le banane e le fragole possono essere un'altra opzione nutriente per le lumache. Ricche di zuccheri naturali, vitamine e antiossidanti, le lumache possono apprezzare una varietà di frutta fresca come parte della loro dieta equilibrata.

3. **Carote e zucchine:** Queste verdure sono particolarmente apprezzate dalle lumache per la loro consistenza croccante e il loro gusto dolce. Le carote e le zucchine sono ricche di beta-carotene e altre sostanze nutrienti che favoriscono la salute delle lumache.

4. **Alghe e ortiche:** Alcune specie di lumache, come le lumache d'acqua dolce, possono beneficiare dell'aggiunta di alghe marine o di ortiche essiccate alla loro dieta. Queste piante sono ricche di minerali essenziali e possono contribuire a fornire una dieta equilibrata e varia per le lumache.

5. **Mangimi commerciali per lumache:** Esistono anche mangimi specifici progettati appositamente per le lumache, disponibili in forma di pellet o granuli. Questi mangimi sono spesso formulati per fornire una dieta equilibrata e completa, contenente tutti i nutrienti essenziali di cui le lumache hanno bisogno per crescere e prosperare.

6. **Proteine animali:** Alcune specie di lumache, come le lumache carnivore, possono beneficiare dell'aggiunta di piccole quantità di proteine animali alla loro dieta. Queste possono includere cibi come pesce, gamberetti o uova. Tuttavia, è importante offrire proteine animali con moderazione e solo se necessario, in quanto una dieta troppo ricca di proteine può essere dannosa per alcune specie di lumache.

Offrire una varietà di cibo alle lumache è importante per garantire una dieta equilibrata e nutriente. È consigliabile variare regolarmente il cibo offerto alle lumache per fornire loro una gamma completa di nutrienti. Inoltre, è importante osservare attentamente le lumache e regolare la loro dieta in base alle loro esigenze individuali e alle condizioni ambientali.

3. Composizione di una dieta equilibrata per le lumache

La composizione di una dieta equilibrata per le lumache dipende da diversi fattori, tra cui la specie di lumaca, l'età, le condizioni ambientali e lo stadio di vita. Una dieta bilanciata deve fornire una gamma completa di nutrienti essenziali, compresi carboidrati, proteine, grassi, vitamine e minerali, per garantire la salute e il benessere ottimali delle lumache. Di seguito, esploreremo gli elementi chiave da considerare nella creazione di una dieta equilibrata per le lumache, offrendo consigli pratici e suggerimenti utili per fornire loro un'alimentazione nutriente e salutare.

1. **Carboidrati:** I carboidrati costituiscono una parte essenziale della dieta delle lumache, fornendo loro energia per le attività quotidiane e la crescita. Fonti di carboidrati adatte includono verdure a foglia verde, frutta fresca, come mele e banane, e alimenti ricchi di amido come carote e patate.
2. **Proteine:** Le proteine sono fondamentali per la crescita, il ripristino dei tessuti e la salute generale delle lumache. Fonti di proteine possono includere verdure ad alto contenuto proteico come spinaci e broccoli, oltre a mangimi specifici per lumache, che spesso contengono una combinazione di proteine vegetali e animali.
3. **Grassi:** Anche se le lumache hanno bisogno di grassi nella loro dieta, è importante fornirli con moderazione. Fonti di grassi salutari possono includere semi oleosi, come semi di girasole o semi di zucca, e piccole quantità di oli vegetali come olio d'oliva o olio di cocco.

4. **Vitamine e minerali:** Le vitamine e i minerali sono essenziali per la salute e il benessere delle lumache. Assicurarsi che la loro dieta includa una varietà di verdure e frutta fresca può aiutare a fornire loro le vitamine e i minerali di cui hanno bisogno. Integrare la loro dieta con fonti di calcio, come le ossa di seppia triturate, può anche contribuire a garantire ossa e gusci sani.
5. **Fibre:** Le fibre sono importanti per una corretta digestione e per mantenere il tratto digestivo delle lumache sano e funzionante. Le verdure a foglia verde, i vegetali croccanti e i mangimi specifici per lumache sono tutte fonti di fibre che possono essere integrate nella loro dieta per garantire un adeguato apporto di fibre.
6. **Idratazione:** Infine, è fondamentale assicurarsi che le lumache abbiano sempre accesso a acqua pulita e fresca per idratarsi. Questo può essere fatto fornendo loro una piccola ciotola d'acqua o utilizzando substrati umidi nel loro habitat.

Combinando una varietà di questi alimenti e monitorando attentamente le esigenze e le reazioni individuali delle lumache, è possibile creare una dieta equilibrata e nutriente che favorisca la loro salute e il loro benessere complessivi.

4. Consigli pratici per l'alimentazione delle lumache

Ecco alcuni consigli pratici per l'alimentazione delle lumache che possono aiutarti a garantire una dieta sana e bilanciata per i tuoi molluschi:

1. **Variazione dell'alimentazione:** Offri una varietà di alimenti alle tue lumache per garantire un'ampia gamma di nutrienti nella loro dieta. Prova a includere verdure a foglia verde, frutta fresca, mangimi specifici per lumache e integratori vitaminici e minerali per fornire loro una dieta completa.

2. **Alimenti freschi e puliti:** Assicurati che gli alimenti che offri alle lumache siano freschi e privi di pesticidi o altri prodotti chimici dannosi. Lavare accuratamente frutta e verdura prima di darla loro e cambiare regolarmente l'acqua nella loro ciotola per mantenerla pulita e fresca.

3. **Porzionamento controllato:** Controlla le porzioni di cibo che dai alle lumache per evitare sprechi e mantenere il loro habitat pulito. Evita di sovralimentare le lumache, poiché potrebbe portare a problemi di obesità o deterioramento della qualità dell'acqua.

4. **Monitoraggio dell'assunzione di calcio:** Assicurati che le lumache ricevano un adeguato apporto di calcio per mantenere la salute del loro guscio. Puoi aggiungere ossa di seppia triturate o altri integratori di calcio alla loro dieta per garantire che ricevano abbastanza di questo nutriente essenziale.

5. **Temperatura e umidità:** Considera la temperatura e l'umidità dell'ambiente delle lumache quando offri loro cibo. Alcuni alimenti possono deteriorarsi più rapidamente a temperature più elevate, quindi assicurati di controllare regolarmente l'ambiente delle lumache e rimuovere gli alimenti non consumati.

6. **Pulizia dell'habitat:** Rimuovi regolarmente gli avanzi di cibo non consumati dall'habitat delle lumache per prevenire la decomposizione e la contaminazione dell'acqua. Mantieni pulite le ciotole d'acqua e i contenitori di cibo e sostituisci il substrato sporco con uno fresco regolarmente.

7. **Osservazione del comportamento alimentare:** Osserva attentamente le abitudini alimentari delle tue lumache e fai regolari controlli della salute per assicurarti che stiano ricevendo abbastanza cibo e che la loro dieta sia bilanciata. Monitora eventuali cambiamenti nel loro appetito o nel loro comportamento alimentare e apporta le modifiche necessarie alla loro dieta di conseguenza.

Seguendo questi consigli pratici, potrai fornire alle tue lumache una dieta equilibrata e nutriente che favorisca la loro salute e il loro benessere complessivi.

5. Monitoraggio dell'alimentazione e della nutrizione delle lumache

Il monitoraggio dell'alimentazione e della nutrizione delle lumache è un aspetto fondamentale per garantire il loro benessere e la loro salute ottimale. Qui di seguito sono riportati alcuni suggerimenti pratici su come monitorare e gestire efficacemente l'alimentazione delle lumache:

1. **Registro alimentare:** Mantieni un registro dettagliato dell'alimentazione delle lumache, registrando i tipi di cibo offerti, le quantità consumate e qualsiasi cambiamento nel loro appetito o nelle loro abitudini alimentari. Questo ti aiuterà a valutare se le lumache stanno ricevendo una dieta equilibrata e a identificare eventuali carenze o eccessi nutritivi.

2. **Osservazione diretta:** Osserva attentamente le lumache mentre si alimentano per valutare la loro reazione agli alimenti offerti e per assicurarti che stiano mangiando in modo adeguato. Prendi nota di qualsiasi comportamento anomalo o segni di rifiuto del cibo, che potrebbero indicare problemi di salute o di alimentazione.

3. **Valutazione della crescita:** Monitora la crescita e lo sviluppo delle lumache nel tempo per valutare l'efficacia della loro dieta. Una crescita sana e costante è un segno di una buona alimentazione, mentre una crescita rallentata o irregolare potrebbe indicare problemi nutrizionali.
4. **Esame delle feci:** Esamina regolarmente le feci delle lumache per valutare la qualità della loro alimentazione e la loro capacità di digerire correttamente il cibo. Le feci dovrebbero essere di consistenza solida e di colore uniforme, indicando una corretta assimilazione dei nutrienti.
5. **Test dell'acqua:** Controlla regolarmente la qualità dell'acqua nell'habitat delle lumache per assicurarti che non vi siano contaminazioni o alterazioni che potrebbero influenzare negativamente la loro alimentazione e la loro salute. Assicurati che l'acqua sia pulita e priva di residui di cibo o altre sostanze nocive.
6. **Regolazione della dieta:** Modifica la dieta delle lumache in base alle loro esigenze specifiche e alle condizioni ambientali. Se noti carenze o eccessi nutrizionali, apporta le modifiche necessarie alla loro alimentazione per garantire un bilancio ottimale dei nutrienti.
7. **Consultazione di esperti:** Se hai dubbi sulla dieta delle lumache o sulla gestione della loro alimentazione, consulta un esperto in lumache o un veterinario specializzato nella cura dei molluschi. Possono fornirti consigli personalizzati e indicazioni specifiche per garantire una corretta alimentazione e nutrizione per le tue lumache.

Il monitoraggio costante dell'alimentazione e della nutrizione delle lumache è essenziale per mantenere la loro salute e il loro benessere nel lungo termine. Assicurati di dedicare tempo e attenzione a questo aspetto fondamentale della cura delle lumache per garantire loro una vita felice e sana.

VIII. Gestione del clima e protezione dalle intemperie

1. Scelta delle Strutture Protettive: Rifugi per Tutte le Stagioni

Quando si tratta di garantire il benessere delle lumache in tutti i periodi dell'anno, la scelta delle strutture protettive giuste diventa fondamentale. I rifugi per le lumache devono essere progettati con cura, tenendo conto delle variazioni climatiche stagionali e delle esigenze specifiche di ogni specie. In questo modo, si assicura che le lumache possano prosperare indipendentemente dalle condizioni esterne.

Le strutture protettive per le lumache devono garantire un ambiente sicuro e confortevole, in grado di proteggerle dagli agenti atmosferici avversi, dalla predazione e da altri pericoli esterni. Tra le opzioni più comuni ci sono le serre, i recinti all'aperto e gli spazi interni controllati. Ognuna di queste strutture ha vantaggi e svantaggi, e la scelta dipenderà dalle preferenze personali del coltivatore, dal clima locale e dalle esigenze specifiche delle lumache che si desidera allevare.

Le serre sono spesso utilizzate per fornire un ambiente controllato alle lumache durante i mesi più freddi dell'anno. Possono essere dotate di riscaldamento per mantenere temperature ottimali anche in condizioni climatiche avverse. Tuttavia, è importante assicurarsi che le serre siano ben ventilate per evitare accumuli di umidità eccessiva, che potrebbero favorire lo sviluppo di muffe e funghi dannosi per le lumache.

I recinti all'aperto offrono alle lumache la possibilità di godere della luce naturale e dell'aria fresca durante i mesi più caldi. Tuttavia, è essenziale garantire che questi recinti siano sicuri e ben protetti da predatori come uccelli, roditori e altri animali che potrebbero rappresentare una minaccia per le lumache. Inoltre, è importante fornire rifugi o nascondigli all'interno del recinto per consentire alle lumache di nascondersi e ripararsi quando necessario.

Gli spazi interni controllati, come cantine o garage, possono essere utilizzati per proteggere le lumache durante le stagioni estreme o in caso di condizioni climatiche particolarmente avverse. Questi spazi possono essere facilmente adattati per fornire le condizioni ottimali di temperatura, umidità e illuminazione per le lumache. Tuttavia, è importante assicurarsi che vi sia una corretta ventilazione e un adeguato controllo dell'umidità per evitare problemi di salute delle lumache.

In sintesi, la scelta delle strutture protettive per le lumache dipende da una serie di fattori, tra cui il clima locale, le esigenze specifiche delle lumache e le preferenze personali del coltivatore. È importante valutare attentamente tutte le opzioni disponibili e progettare un ambiente che soddisfi al meglio le esigenze delle lumache in tutte le stagioni dell'anno.

2. Regolazione Termica: Mantenere un Clima Ideale per le Lumache

La regolazione termica è una delle considerazioni più cruciali quando si tratta di creare un ambiente ottimale per le lumache. Mantenere una temperatura costante e adatta alle lumache è essenziale per il loro benessere e la loro produttività. Ci sono diverse strategie che i coltivatori possono adottare per garantire un clima ideale per le lumache nelle loro strutture protettive.

Una delle prime cose da considerare è la fonte di calore. Nel periodo invernale o in ambienti freddi, può essere necessario utilizzare riscaldatori per mantenere una temperatura costante all'interno delle strutture protettive. I riscaldatori a infrarossi o a resistenza sono opzioni comuni e possono essere regolati per mantenere una temperatura ottimale per le lumache.

Tuttavia, è importante evitare sbalzi termici eccessivi, poiché possono causare stress alle lumache e influire negativamente sulla loro salute. Utilizzare termostati e sensori di temperatura può aiutare a monitorare e regolare accuratamente la temperatura all'interno dell'ambiente delle lumache, garantendo che rimanga costante e confortevole.

Oltre al riscaldamento, è anche importante considerare la ventilazione. Un buon flusso d'aria all'interno delle strutture protettive aiuta a mantenere una temperatura uniforme e a prevenire l'accumulo di umidità e condensa, che potrebbero favorire la crescita di muffe e funghi dannosi per le lumache. Le finestre o le aperture ventilate possono essere utilizzate per consentire un adeguato scambio d'aria all'interno dell'ambiente delle lumache.

In aggiunta al riscaldamento e alla ventilazione, è fondamentale monitorare costantemente la temperatura e apportare eventuali aggiustamenti in base alle esigenze delle lumache e alle condizioni ambientali. Questo può essere fatto utilizzando termometri e termoigrometri affidabili, che consentono di verificare regolarmente la temperatura e l'umidità all'interno dell'ambiente delle lumache.

Infine, è importante considerare le variazioni stagionali e adattare di conseguenza le strategie di regolazione termica. Le esigenze di temperatura delle lumache possono variare a seconda della stagione, e i coltivatori devono essere pronti a modificare le impostazioni di riscaldamento e ventilazione di conseguenza.

In definitiva, la regolazione termica è un aspetto fondamentale della gestione del clima per le lumache. Mantenere una temperatura costante e adatta, insieme a una corretta ventilazione e monitoraggio regolare, è essenziale per garantire il benessere e la salute delle lumache allevate.

3. Copertura Adeguata: Proteggere le Lumache dagli Agenti Atmosferici

La copertura adeguata è essenziale per proteggere le lumache dagli agenti atmosferici esterni che potrebbero influenzare negativamente il loro habitat e la loro salute. Ci sono diverse considerazioni da tenere presenti quando si progetta la copertura delle strutture per le lumache, che vanno dalla scelta dei materiali alla disposizione degli stessi per garantire una protezione efficace.

Innanzitutto, è importante selezionare materiali resistenti e impermeabili che possano proteggere le lumache dalla pioggia, dalla neve e dal vento. Le coperture in plastica trasparente o in vetro possono essere utilizzate per consentire il passaggio della luce solare mentre proteggono le lumache dagli agenti atmosferici esterni. Questi materiali devono essere fissati saldamente alle strutture per evitare che si danneggino o si stacchino durante le intemperie.

Inoltre, è fondamentale assicurarsi che la copertura sia progettata in modo tale da prevenire l'accumulo di acqua piovana o di umidità all'interno dell'habitat delle lumache. Le pendenze e i sistemi di drenaggio possono essere implementati per garantire un corretto deflusso dell'acqua piovana e prevenire la formazione di pozzanghere o ristagni che potrebbero compromettere il benessere delle lumache.

Oltre alla protezione dagli agenti atmosferici esterni, la copertura adeguata deve anche fornire isolamento termico durante le stagioni più fredde e protezione dai raggi solari eccessivi durante i periodi estivi. È possibile utilizzare materiali isolanti come polistirolo o fibra di vetro per mantenere una temperatura interna stabile e confortevole per le lumache, riducendo al contempo l'esposizione diretta ai raggi solari che potrebbero surriscaldare l'ambiente.

Infine, è importante considerare la durabilità e la manutenzione della copertura nel lungo termine. Le strutture devono essere progettate in modo robusto e resistente per resistere alle intemperie e durare nel tempo senza necessità di frequenti riparazioni o sostituzioni. Periodici controlli e manutenzione della copertura sono essenziali per garantire che continui a svolgere efficacemente il suo ruolo di protezione per le lumache.

In conclusione, una copertura adeguata è fondamentale per proteggere le lumache dagli agenti atmosferici esterni e fornire loro un ambiente sicuro e confortevole. Scegliere materiali resistenti, garantire un corretto drenaggio e isolamento termico e mantenere una manutenzione regolare sono tutte pratiche essenziali per garantire il benessere delle lumache allevate.

4. Gestione dell'Umidità: Equilibrare l'Acqua nell'Habitat delle Lumache

La gestione dell'umidità è un aspetto cruciale nella cura delle lumache, poiché queste creature dipendono da un ambiente con un adeguato equilibrio di umidità per sopravvivere e prosperare. Troppo o troppo poco umidità può portare a problemi di salute e stress per le lumache, quindi è essenziale mantenere un ambiente ottimale per il loro benessere.

Per regolare l'umidità nell'habitat delle lumache, esistono diverse strategie pratiche e tecniche che possono essere adottate. Innanzitutto, è fondamentale monitorare regolarmente i livelli di umidità all'interno dell'ambiente utilizzando strumenti come igrometri o termometri igrometrici. Questi strumenti consentono di verificare se l'umidità è nei limiti ottimali per le lumache e di apportare eventuali correzioni se necessario.

Una delle principali fonti di umidità nell'habitat delle lumache è l'acqua potabile fornita attraverso appositi contenitori o sistemi di irrigazione. È importante assicurarsi che l'acqua sia sempre disponibile e fresca, in modo che le lumache possano bere e mantenere i loro livelli di idratazione adeguati. Tuttavia, è importante evitare l'accumulo eccessivo di acqua stagnante, poiché ciò potrebbe portare a problemi di muffa e deterioramento della qualità dell'ambiente.

Inoltre, è possibile aumentare l'umidità nell'habitat delle lumache attraverso l'uso di substrati adatti che trattengono l'umidità e contribuiscono a mantenere un ambiente più umido. Materiali come torba, muschio sphagnum o terriccio misto a foglie secche possono essere utilizzati per creare un substrato che conserva l'umidità e fornisce un ambiente confortevole per le lumache.

Allo stesso tempo, è importante garantire una buona ventilazione dell'habitat per prevenire l'accumulo eccessivo di umidità e prevenire la formazione di condensa e muffa. Utilizzare ventilatori o aperture di ventilazione regolabili può aiutare a mantenere un flusso d'aria costante all'interno dell'ambiente, contribuendo a regolare i livelli di umidità.

Infine, è importante osservare attentamente il comportamento delle lumache e adattare le pratiche di gestione dell'umidità di conseguenza. Se le lumache sembrano stressate o secca la loro conchiglia, potrebbe essere necessario aumentare l'umidità nell'ambiente fornendo più acqua o aggiungendo substrati più umidi.

In sintesi, la gestione dell'umidità è un aspetto fondamentale nella cura delle lumache e richiede una combinazione di monitoraggio regolare, fornitura di acqua fresca, utilizzo di substrati adatti e adeguata ventilazione per mantenere un ambiente ottimale per il benessere delle lumache.

5. Strategie Antipioggia: Soluzioni per Prevenire Infiltrazioni e Allagamenti

Quando si tratta di proteggere le lumache dalle intemperie, è essenziale adottare strategie antipioggia efficaci per prevenire infiltrazioni e allagamenti nell'habitat. Le lumache, essendo creature sensibili all'umidità, possono subire gravi danni se esposte a piogge intense o a condizioni meteorologiche avverse. Pertanto, è importante prendere in considerazione diverse soluzioni pratiche per proteggerle da tali situazioni.

Una delle prime strategie antipioggia consiste nell'assicurarsi che l'habitat delle lumache sia situato in una zona ben drenata e protetta dalla pioggia diretta. Questo può essere ottenuto posizionando l'area di allevamento sotto ripari naturali come alberi, arbusti o strutture artificiali come tettoie o serre. In questo modo, le lumache saranno meno esposte alla pioggia diretta e ai rischi di allagamento.

Inoltre, è possibile adottare misure preventive per proteggere l'habitat dalle infiltrazioni d'acqua utilizzando materiali impermeabili e sigillanti. Ad esempio, è consigliabile utilizzare teli o coperture impermeabili per coprire l'area di allevamento durante i periodi di pioggia intensa, evitando così che l'acqua entri nell'habitat e crei problemi di umidità e allagamenti.

Altro aspetto da considerare è la progettazione dell'habitat stesso, che dovrebbe prevedere sistemi di drenaggio efficaci per consentire il deflusso dell'acqua piovana in modo controllato e sicuro. Questo può essere realizzato attraverso l'uso di canalette di drenaggio, pendenze del terreno o strati di ghiaia che favoriscano il flusso dell'acqua lontano dall'area abitativa delle lumache.

Inoltre, è importante prestare attenzione alla manutenzione regolare dell'habitat, assicurandosi che non ci siano accumuli di detriti o ostacoli che possano ostacolare il deflusso dell'acqua e causare stagnazione o allagamenti. Mantenere puliti i sistemi di drenaggio e rimuovere eventuali ostacoli può contribuire a prevenire problemi legati all'accumulo di acqua.

Infine, è consigliabile monitorare costantemente le previsioni meteorologiche e adottare misure preventive in anticipo quando sono previste precipitazioni intense. Questo può includere il posizionamento di barriere protettive temporanee o l'uso di coperture aggiuntive per proteggere le lumache dalle intemperie.

In conclusione, adottare strategie antipioggia efficaci è essenziale per proteggere le lumache dagli effetti dannosi delle precipitazioni intense e prevenire infiltrazioni e allagamenti nell'habitat. Utilizzando una combinazione di soluzioni preventive e sistemi di drenaggio adeguati, è possibile garantire un ambiente sicuro e confortevole per le lumache anche durante le condizioni meteorologiche avverse.

IX. Controllo dei parassiti e delle malattie nelle lumache

1. Identificazione dei parassiti comuni nelle lumache

Nel mondo delle lumache, la presenza di parassiti può essere un problema significativo che influisce sulla salute e sul benessere dei nostri piccoli molluschi. Identificare i parassiti comuni è il primo passo fondamentale per proteggere il tuo allevamento e garantire la crescita sana delle lumache.

Tra i parassiti più diffusi nelle lumache, troviamo varie specie di acari, nematodi, vermi e batteri, ognuno dei quali può causare danni significativi se non gestito in modo efficace.

Gli acari sono tra i parassiti più comuni che possono infestare le lumache. Questi piccoli aracnidi possono provocare irritazioni cutanee, perdita di appetito e stress alle lumache, compromettendo la loro salute complessiva.

I nematodi, o vermi microscopici, sono un'altra minaccia per le lumache. Possono infettare il sistema digestivo e causare problemi digestivi, perdita di peso e persino la morte se non trattati tempestivamente.

Allo stesso modo, alcuni batteri patogeni possono causare infezioni gravi, come la necrosi tissutale e l'avvelenamento, mettendo a rischio l'intero allevamento.

È essenziale imparare a riconoscere i segni di infestazione da parte di questi parassiti per intervenire prontamente e proteggere le lumache. Impiega tempo per osservare attentamente il comportamento e la salute delle lumache, controlla regolarmente il substrato e l'ambiente in cui vivono e fai attenzione a qualsiasi cambiamento negativo nelle condizioni di allevamento.

Solo con un'identificazione accurata dei parassiti e una risposta rapida e mirata, puoi proteggere efficacemente le tue preziose lumache da potenziali minacce. Mai trascurare l'importanza di una sorveglianza attenta e di un intervento tempestivo quando si tratta di gestire i parassiti nelle lumache. Con una corretta identificazione e gestione, puoi mantenere il tuo allevamento al sicuro e sano, garantendo il benessere delle tue lumache nel lungo periodo.

2. Strategie di prevenzione delle malattie nelle lumache

Le malattie possono rappresentare una minaccia significativa per le lumache, compromettendo la loro salute e riducendo la produttività dell'allevamento. Tuttavia, esistono diverse strategie di prevenzione che possono essere adottate per proteggere le lumache dalle malattie e garantire il loro benessere a lungo termine.

Una delle strategie più efficaci è mantenere un ambiente pulito e igienico per le lumache. Ciò include la pulizia regolare dell'habitat, la rimozione dei rifiuti e il controllo della qualità dell'acqua e del substrato. Riducendo al minimo la presenza di agenti patogeni nell'ambiente, è possibile ridurre il rischio di malattie nelle lumache.

Inoltre, è importante prestare attenzione alla selezione e all'acquisto di lumache sane da fornitori affidabili. Acquistare lumache da allevamenti con una buona reputazione e pratiche di allevamento sicure può aiutare a ridurre il rischio di introdurre malattie nel tuo allevamento.

Un'altra strategia importante è la quarantena delle nuove lumache prima di introdurle nell'allevamento principale. Mettere le nuove lumache in quarantena per un periodo di osservazione può aiutare a identificare eventuali segni di malattia o parassiti prima che possano diffondersi nell'intero allevamento.

Inoltre, fornire alle lumache una dieta equilibrata e nutrienti adeguati può rafforzare il loro sistema immunitario e renderle più resilienti alle malattie. Assicurati di offrire loro cibo fresco e pulito, integratori vitaminici se necessario e un accesso costante all'acqua pulita.

Infine, monitorare regolarmente la salute e il comportamento delle lumache è essenziale per rilevare tempestivamente eventuali segni di malattia. Osserva attentamente le lumache per segni di letargia, perdita di appetito, cambiamenti nell'aspetto del guscio o secrezioni anomale. Qualsiasi segno di malessere dovrebbe essere affrontato prontamente per prevenire la diffusione delle malattie.

Adottando queste strategie di prevenzione e seguendo pratiche di gestione oculata, è possibile proteggere le lumache dalle malattie e garantire un ambiente sano e prospero per il tuo allevamento.

3. Trattamenti naturali per i parassiti nelle lumache

I parassiti rappresentano una minaccia costante per la salute delle lumache, ma fortunatamente esistono diversi trattamenti naturali che possono essere utilizzati per contrastarli in modo efficace senza ricorrere a prodotti chimici dannosi per l'ambiente e per la salute delle lumache stesse.

Uno dei trattamenti naturali più comuni è l'uso di piante e erbe aromatiche con proprietà repellenti per i parassiti. Ad esempio, l'aglio, il prezzemolo, il basilico e la menta sono noti per le loro proprietà repellenti contro insetti e altri parassiti che possono danneggiare le lumache. Puoi piantare queste erbe intorno all'habitat delle lumache o utilizzare estratti o oli essenziali derivati da esse per creare soluzioni spray repellenti.

Un altro trattamento naturale efficace è l'uso di diatomee terrestri, un tipo di polvere naturale composta da alghe fossili microscopiche. Le diatomee terrestri hanno proprietà abrasive che possono perforare il guscio dei parassiti esterni senza danneggiare le lumache stesse. Spargere leggermente diatomee terrestri intorno all'habitat delle lumache o direttamente sulle lumache può aiutare a controllare parassiti come acari e vermi.

Inoltre, l'uso di batteri benefici come Bacillus thuringiensis, noto anche come Bt, può essere efficace nel combattere larve di insetti che possono infestare l'habitat delle lumache. Bt è un batterio che produce tossine che danneggiano il tratto digestivo degli insetti, causandone la morte. Può essere applicato sotto forma di spray o polvere intorno all'habitat delle lumache per controllare larve di moscerini e altri insetti dannosi.

Infine, l'introduzione di predatori naturali delle lumache può contribuire a controllare le popolazioni di lumache parassite. Ad esempio, alcune specie di anfibi, uccelli e insetti predatori si nutrono di lumache e possono aiutare a ridurne le popolazioni in modo naturale. Tuttavia, è importante valutare attentamente l'equilibrio ecologico e assicurarsi che l'introduzione di predatori non causi squilibri nell'ecosistema circostante.

Utilizzando questi trattamenti naturali in modo oculato e combinandoli con pratiche di gestione integrate, è possibile controllare efficacemente i parassiti nelle lumache senza compromettere la salute delle lumache stesse né l'ambiente circostante.

4. Gestione dell'igiene per prevenire le malattie

La gestione dell'igiene è fondamentale per prevenire le malattie nelle lumache e garantire il loro benessere complessivo. Ci sono diverse pratiche e precauzioni che possono essere adottate per mantenere un ambiente pulito e salubre per le lumache:

1. **Pulizia regolare dell'habitat:** È importante pulire regolarmente l'habitat delle lumache per rimuovere eventuali detriti, feci e residui di cibo in decomposizione che potrebbero diventare terreno fertile per batteri e parassiti. Utilizzare guanti puliti e strumenti igienici per manipolare e rimuovere i materiali contaminati.
2. **Controllo dell'umidità:** Mantenere un livello ottimale di umidità nell'habitat è essenziale per prevenire la proliferazione di batteri e muffe. Monitorare regolarmente l'umidità e utilizzare substrati appropriati che favoriscano il mantenimento di un ambiente equilibrato.

3. **Trattamento dell'acqua potabile:** Assicurarsi che le lumache abbiano sempre accesso a acqua pulita e fresca. Utilizzare recipienti puliti e non tossici per l'acqua e cambiarla regolarmente per evitare la contaminazione batterica.
4. **Isolamento degli individui malati:** Nel caso in cui una lumaca mostri segni di malattia o infezione, è importante isolare immediatamente l'individuo malato per prevenire la diffusione del contagio agli altri. Monitorare attentamente il comportamento e la salute delle lumache e intervenire prontamente in caso di necessità.
5. **Igiene personale:** Prima e dopo la manipolazione delle lumache, è fondamentale lavarsi accuratamente le mani con acqua e sapone per prevenire la trasmissione di batteri e malattie da e verso gli esseri umani. Utilizzare guanti usa e getta o guanti puliti durante le operazioni di pulizia e manipolazione delle lumache.
6. **Controllo delle malattie trasmissibili:** Familiarizzarsi con le malattie comuni che possono colpire le lumache e imparare a riconoscerne i sintomi precoci. Consultare un veterinario specializzato in invertebrati per ottenere informazioni e consigli specifici sulla gestione delle malattie nelle lumache.

Seguendo queste pratiche di igiene e adottando un approccio proattivo alla prevenzione delle malattie, è possibile garantire un ambiente sano e sicuro per le lumache e massimizzare il loro benessere complessivo.

5. Monitoraggio costante della salute delle lumache

Il monitoraggio costante della salute delle lumache è un aspetto cruciale nella gestione efficace di un allevamento di lumache. Esistono diverse pratiche e tecniche che possono essere adottate per garantire che le lumache siano in buona salute e per rilevare tempestivamente eventuali segni di malattia o stress:

1. **Osservazione regolare:** Dedica del tempo ogni giorno all'osservazione delle lumache per valutare il loro comportamento, l'aspetto fisico e il livello di attività. Cerca segni di anomalie come cambiamenti nell'appetito, nella mobilità o nell'aspetto generale del guscio e del corpo.

2. **Registro delle osservazioni:** Tieni un registro dettagliato delle osservazioni giornaliere sulle lumache, annotando eventuali cambiamenti o sintomi sospetti. Registrare informazioni come la frequenza delle feci, la quantità di cibo consumata e qualsiasi comportamento anomalo può essere utile nel rilevare precocemente eventuali problemi di salute.

3. **Esame visivo:** Ispeziona attentamente ogni lumaca per individuare segni evidenti di malattia o lesioni. Osserva lo stato del guscio, la presenza di secrezioni anomale, lesioni cutanee, perdita di peso o anomalie nei movimenti.

4. **Controllo della temperatura e umidità:** Monitora costantemente i livelli di temperatura e umidità nell'habitat delle lumache per assicurarti che siano all'interno dei range ottimali per la specie specifica. Variazioni significative nei parametri ambientali possono influenzare negativamente la salute delle lumache.

5. **Esame delle feci:** Esamina regolarmente le feci delle lumache per individuare segni di parassiti interni o altre anomalie. Le feci possono fornire preziose indicazioni sulla salute digestiva e generale delle lumache.
6. **Esame della dieta e dell'alimentazione:** Valuta la dieta delle lumache e l'assunzione di cibo per garantire che ricevano un'alimentazione equilibrata e nutriente. Monitora eventuali cambiamenti nel comportamento alimentare e apporta eventuali aggiustamenti di conseguenza.
7. **Consultazione con un esperto:** In caso di dubbi o preoccupazioni sulla salute delle lumache, consulta un veterinario specializzato in invertebrati o un esperto nel campo dell'allevamento di lumache. Possono fornire consigli specifici e indicazioni su come affrontare eventuali problemi di salute.
8. **Interventi tempestivi:** Se noti segni di malattia o disagio nelle lumache, agisci prontamente per identificare la causa e fornire il trattamento appropriato. L'intervento precoce può spesso prevenire complicazioni gravi e migliorare le possibilità di recupero delle lumache.

Monitorare costantemente la salute delle lumache richiede impegno e attenzione, ma è essenziale per garantire il loro benessere e la longevità dell'allevamento. Registrando e interpretando attentamente i segni di salute e malattia, è possibile mantenere un ambiente ottimale per le lumache e prevenire potenziali problemi.

X. Riproduzione e allevamento delle lumache

1. Selezione dei genitori: Fondamentale per una riproduzione di successo

La selezione dei genitori è un passaggio cruciale per garantire una riproduzione di successo nel tuo allevamento di lumache. Scegliere i genitori giusti può influenzare significativamente la salute, la vitalità e le caratteristiche dei nuovi nati. Prima di procedere con l'accoppiamento, è essenziale valutare attentamente le caratteristiche degli esemplari che intendi utilizzare come genitori.

Una delle prime considerazioni nella selezione dei genitori è la loro salute generale. Opta per lumache adulte che dimostrano vitalità, attività e un aspetto sano. Evita esemplari che mostrano segni di malattia, deformità o altri problemi fisici evidenti. Una buona salute generale nei genitori aumenta le probabilità di trasmettere caratteristiche positive alla prole e contribuisce a una riproduzione sana e robusta.

Oltre alla salute, è importante considerare anche le caratteristiche genetiche dei genitori. Se hai particolari obiettivi di allevamento, come produrre lumache con dimensioni maggiori o colorazioni particolari, scegli esemplari che mostrano queste caratteristiche desiderate. Ad esempio, se desideri una prole con gusci più robusti o un colore più vivace, seleziona genitori che presentano tali attributi.

La diversità genetica è un altro aspetto cruciale da considerare nella selezione dei genitori. Evita l'accoppiamento tra parenti stretti, poiché ciò può aumentare il rischio di anomalie genetiche e ridurre la diversità genetica complessiva della tua popolazione di lumache. Cerca di mantenere un pool genetico ampio e sano, accoppiando esemplari che non siano strettamente correlati.

Infine, considera anche il comportamento degli esemplari che stai selezionando come genitori. Osserva attentamente le interazioni tra di loro per assicurarti che siano compatibili e che si accoppino naturalmente. Evita di forzare l'accoppiamento tra esemplari che mostrano segni di aggressività o che sembrano non essere interessati alla riproduzione.

In sintesi, la selezione dei genitori è un passaggio critico nell'allevamento di lumache e richiede attenzione e cura. Scegli esemplari sani, con caratteristiche desiderate e una diversità genetica adeguata per garantire una riproduzione di successo e una prole sana e vigorosa.

2. Preparazione dell'ambiente riproduttivo: Creare il contesto ideale per la deposizione delle uova

La preparazione dell'ambiente riproduttivo è fondamentale per favorire la deposizione delle uova e il successo del processo riproduttivo delle lumache nel tuo allevamento. Creare il contesto ideale per la deposizione delle uova richiede una combinazione di fattori ambientali e strutturali che rispondano alle esigenze specifiche delle lumache durante questo importante periodo del ciclo di vita.

Innanzitutto, assicurati di fornire un substrato adatto per la deposizione delle uova. Il substrato dovrebbe essere morbido, umido e facilmente lavorabile per consentire alle lumache di scavare buche per deporre le loro uova. Materiali come torba, muschio di sfagno, terriccio misto a sabbia e foglie decomposte possono essere utilizzati con successo come substrato per la deposizione delle uova. Assicurati che il substrato sia sempre umido ma non eccessivamente bagnato, poiché un'eccessiva umidità potrebbe compromettere la salute delle uova.

In secondo luogo, regola attentamente i livelli di umidità e temperatura nell'ambiente riproduttivo. Le lumache preferiscono deporre le uova in un ambiente con un'umidità relativa elevata e temperature moderate. Assicurati che l'umidità sia mantenuta intorno al 80-90% durante il periodo di deposizione delle uova. Puoi raggiungere questo obiettivo nebulizzando regolarmente l'area o utilizzando substrati che trattenendo bene l'umidità. Controlla anche che la temperatura sia stabile e compresa tra i 20°C e i 25°C, poiché temperature estreme possono influenzare negativamente il processo riproduttivo delle lumache.

Inoltre, assicurati che l'ambiente riproduttivo sia ben ventilato ma protetto da correnti d'aria dirette. Una buona ventilazione contribuirà a prevenire la formazione di muffe e batteri nocivi, mentre una protezione dalle correnti d'aria aiuterà a mantenere stabili i livelli di umidità e temperatura.

Infine, fornisce rifugi e nascondigli per le lumache durante il periodo di deposizione delle uova. Le lumache possono preferire luoghi appartati e protetti per deporre le loro uova, quindi assicurati di includere nascondigli come tegole, piastrelle, cortecce o pezzi di legno dove le lumache possano sentirsi al sicuro durante il processo di deposizione.

Creare un ambiente riproduttivo ottimale per la deposizione delle uova richiede attenzione ai dettagli e una comprensione delle esigenze specifiche delle lumache durante questo periodo critico del loro ciclo di vita. Assicurati di seguire attentamente queste linee guida per massimizzare le probabilità di successo nella riproduzione delle lumache nel tuo allevamento.

3. Cura delle uova: Tecniche per proteggere e garantire lo sviluppo embrionale

La cura delle uova è una fase critica nel ciclo riproduttivo delle lumache e richiede cure attente e metodiche per garantire lo sviluppo embrionale ottimale. Esistono diverse tecniche e pratiche che puoi adottare per proteggere le uova e favorire il loro corretto sviluppo, contribuendo così al successo del processo riproduttivo nel tuo allevamento.

Innanzitutto, è essenziale proteggere le uova dagli agenti esterni dannosi e fornire un ambiente sicuro per lo sviluppo embrionale. Assicurati di mantenere costantemente l'umidità e la temperatura nell'ambiente di incubazione, come discusso nel paragrafo precedente, poiché anche piccole variazioni possono influenzare negativamente lo sviluppo embrionale. Utilizza substrati di qualità e controlla attentamente la presenza di muffe, batteri o parassiti che potrebbero danneggiare le uova.

Un'altra pratica importante è quella di ruotare periodicamente le uova nell'incubatrice per garantire un'adeguata distribuzione del calore e dell'umidità. Questo può essere fatto delicatamente usando le mani pulite o uno strumento morbido per evitare danni agli embrioni. La rotazione regolare delle uova aiuta a prevenire lo sviluppo di deformità e favorisce una crescita uniforme dei piccoli lumache.

Inoltre, osserva attentamente le uova durante il periodo di incubazione per individuare eventuali segni di deterioramento o anomalie. Le uova che mostrano segni di muffa, macchie scure o altri difetti dovrebbero essere rimosse immediatamente per evitare la diffusione di malattie e garantire che le uova sane rimangano protette.

Durante il processo di incubazione, evita di manipolare e disturbare eccessivamente le uova, poiché questo potrebbe danneggiare gli embrioni in via di sviluppo. Mantieni un ambiente tranquillo e stabile intorno alle uova per ridurre lo stress e favorire una corretta incubazione.

Infine, una volta che le uova hanno completato il loro ciclo di incubazione e sono pronte per schiudersi, assicurati di fornire un ambiente adatto per i piccoli appena nati. Prepara un terreno morbido e umido dove le lumachine possano emergere e inizia a fornire loro un'alimentazione adeguata e una cura attenta per garantire una crescita sana e robusta.

Seguendo attentamente queste tecniche e pratiche per la cura delle uova, sarai in grado di proteggere e garantire lo sviluppo embrionale delle lumache nel tuo allevamento, contribuendo al successo del processo riproduttivo.

4. Allevamento dei piccoli: Dalle prime fasi di vita alla crescita autonoma

L'allevamento dei piccoli lumache, dalle prime fasi di vita fino alla crescita autonoma, richiede cure amorevoli e attente per garantire una crescita sana e robusta. Durante le prime fasi di vita, i piccoli lumache sono estremamente vulnerabili e dipendono interamente dalle cure fornite dall'allevatore per sopravvivere e prosperare. In questo paragrafo, esploreremo le pratiche essenziali per prendersi cura dei piccoli lumache e garantire il loro benessere durante le fasi cruciali dello sviluppo.

Una volta che le uova si sono schiuse e i piccoli lumache sono emersi, è fondamentale fornire loro un ambiente adatto che ricrei le condizioni ideali della loro habitat naturale. Prepara un substrato morbido e umido dove i piccoli possano muoversi facilmente e scavare senza difficoltà. Assicurati che l'ambiente sia mantenuto pulito e privo di agenti patogeni che potrebbero compromettere la salute dei piccoli.

Durante le prime settimane di vita, nutrire i piccoli lumache con un'alimentazione appropriata è essenziale per favorire una crescita sana e equilibrata. Offri loro una varietà di cibi ricchi di calcio e altri nutrienti essenziali, come verdure fresche, erbe e alimenti commerciali specifici per lumache. Assicurati che il cibo sia sempre fresco e ben pulito per evitare contaminazioni e problemi di salute.

Oltre all'alimentazione, è importante monitorare attentamente lo sviluppo e il comportamento dei piccoli lumache durante le prime fasi di vita. Osserva la loro crescita, assicurandoti che stiano guadagnando peso in modo appropriato e che non mostrino segni di malattia o stress. Presta particolare attenzione alla loro attività e alla loro reazione all'ambiente circostante, poiché i cambiamenti improvvisi potrebbero indicare problemi di salute o ambientali che richiedono attenzione immediata.

Durante questo periodo critico, mantieni un'igiene rigorosa nell'ambiente di allevamento e controlla regolarmente la presenza di parassiti o malattie che potrebbero compromettere il benessere dei piccoli lumache. Rimuovi immediatamente qualsiasi piccolo malato o debole e isola eventuali individui che mostrino segni di malattia per prevenire la diffusione di eventuali patogeni.

Infine, prepara i piccoli lumache per una vita autonoma fornendo loro gradualmente l'opportunità di esplorare l'ambiente circostante e di acquisire autonomia nel trovare cibo e rifugi. Gradualmente riduci l'assistenza fornita loro e incoraggiali a diventare indipendenti, sempre monitorandoli attentamente per garantire il loro benessere.

Seguendo queste pratiche essenziali per l'allevamento dei piccoli lumache, potrai contribuire al loro sano sviluppo e alla loro crescita autonoma, garantendo un futuro prospero per il tuo allevamento.

5. Gestione dell'alimentazione: Garantire una dieta bilanciata per la crescita ottimale

La gestione dell'alimentazione è un aspetto cruciale nell'allevamento delle lumache, soprattutto durante le fasi di crescita e sviluppo. Per garantire una crescita ottimale e una salute robusta, è fondamentale fornire una dieta bilanciata e nutriente che soddisfi le esigenze specifiche dei giovani lumache.

Una dieta equilibrata per le lumache giovani dovrebbe includere una varietà di alimenti ricchi di nutrienti essenziali come calcio, proteine, fibre e vitamine. Uno degli alimenti base per le lumache è il calcio, essenziale per la formazione e la salute del guscio. È possibile fornire calcio sotto forma di polvere di carbonato di calcio o aggiungere alimenti naturalmente ricchi di questo minerale, come le croste di uova essiccate o le foglie di cavolo.

Le proteine sono un altro componente cruciale nella dieta delle lumache in crescita, poiché contribuiscono alla formazione dei tessuti e alla crescita muscolare. Puoi fornire proteine attraverso alimenti come fiocchi d'avena, alghe marine essiccate, uova crude o pesce secco.

Le fibre sono essenziali per una buona digestione e per mantenere sano il tratto intestinale delle lumache. Assicurati di includere nella loro dieta una varietà di verdure fresche, come zucchine, carote, spinaci e lattuga, che forniscono fibre e idratazione essenziali.

Le vitamine sono indispensabili per il corretto funzionamento del metabolismo e per sostenere il sistema immunitario delle lumache. Integrare la loro dieta con alimenti ricchi di vitamine, come frutta fresca e verdura, contribuirà a garantire un apporto nutrizionale completo.

È importante anche monitorare attentamente la quantità di cibo fornita alle lumache giovani e assicurarsi di non sovralimentarle, poiché un eccesso di cibo potrebbe portare a problemi di obesità e a disturbi metabolici. Offri loro piccole porzioni di cibo fresco regolarmente e rimuovi eventuali avanzi per evitare il deterioramento del cibo e la contaminazione.

Infine, assicurati che le lumache abbiano sempre accesso a una fonte d'acqua fresca e pulita, essenziale per mantenere l'idratazione e facilitare la digestione.

Seguendo queste linee guida per una corretta gestione dell'alimentazione, potrai garantire una dieta bilanciata per la crescita ottimale delle lumache giovani e favorire il loro sano sviluppo.

6. Controllo sanitario: Monitoraggio della salute e prevenzione delle malattie nei giovani lumache

Il controllo sanitario delle giovani lumache è un processo cruciale per garantire il loro benessere e prevenire eventuali malattie. Monitorare attentamente la salute delle lumache è fondamentale per rilevare precocemente eventuali segni di problemi e intervenire prontamente per garantire il loro recupero.

Un aspetto importante del controllo sanitario è l'osservazione regolare delle lumache per individuare segni di malattia o disagio. Questo può includere l'osservazione del comportamento delle lumache, come movimenti lenti o anomali, e l'esame visivo del loro corpo alla ricerca di segni evidenti di lesioni, infezioni o parassiti.

È inoltre consigliabile tenere traccia delle condizioni ambientali nell'habitat delle lumache, come temperatura e umidità, poiché variazioni significative possono influenzare la loro salute e benessere. Mantenere un registro delle condizioni ambientali e delle osservazioni sulle lumache può aiutare a identificare correlazioni tra cambiamenti ambientali e eventuali problemi di salute.

Per prevenire malattie e infezioni, è importante mantenere pulito l'habitat delle lumache e fornire un ambiente igienico. Ciò include la pulizia regolare del substrato, la rimozione di resti di cibo e detriti e il monitoraggio dell'acqua per prevenire la contaminazione batterica.

Inoltre, è consigliabile isolare le lumache malate o deboli dal resto del gruppo per evitare la diffusione di eventuali patologie. Assicurarsi che le lumache abbiano accesso a una dieta nutriente e bilanciata può anche contribuire a rafforzare il loro sistema immunitario e prevenire malattie.

In caso di sospetta malattia o disagio, è consigliabile consultare un veterinario specializzato nella cura dei molluschi per una valutazione accurata e consigli specifici. Un veterinario esperto potrà fornire indicazioni su trattamenti appropriati e misure preventive per garantire il benessere delle lumache.

In sintesi, il controllo sanitario delle giovani lumache richiede un approccio attento e proattivo per garantire la loro salute e prevenire malattie. Monitorare regolarmente la loro salute, mantenere un ambiente pulito e fornire cure adeguate sono passaggi essenziali per promuovere il loro benessere complessivo.

7. Crescita e sviluppo: Fattori influenzanti sulle tappe cruciali della crescita

La crescita e lo sviluppo delle lumache sono processi complessi influenzati da una serie di fattori ambientali e biologici. Comprendere questi fattori è essenziale per garantire una crescita ottimale e la salute complessiva delle lumache allevate.

Uno dei fattori più significativi che influenzano la crescita e lo sviluppo delle lumache è la temperatura dell'ambiente. Le lumache sono ectotermi, il che significa che la loro temperatura corporea è influenzata dall'ambiente circostante. Temperature più elevate tendono ad accelerare il metabolismo e la crescita delle lumache, mentre temperature più basse possono rallentarli. Mantenere una temperatura costante e ottimale nell'habitat delle lumache è fondamentale per favorire una crescita sana e continua.

Oltre alla temperatura, anche l'umidità gioca un ruolo cruciale nella crescita e nello sviluppo delle lumache. Le lumache hanno bisogno di un ambiente umido per mantenere la loro idratazione e favorire la corretta crescita dei loro gusci e tessuti molli. Tuttavia, un'eccessiva umidità può portare a problemi come la proliferazione di muffe e batteri, mentre un'umidità troppo bassa può causare disidratazione e problemi di crescita. Mantenere un livello di umidità adeguato nell'habitat delle lumache è quindi essenziale per il loro benessere.

Anche la qualità e la quantità del cibo fornito alle lumache influenzano significativamente la loro crescita e sviluppo. Le lumache hanno bisogno di una dieta bilanciata e nutriente che fornisca loro tutte le sostanze nutritive necessarie per crescere in modo sano. Un'alimentazione ricca di calcio è particolarmente importante per favorire lo sviluppo dei gusci robusti nelle lumache giovani. Monitorare attentamente l'alimentazione delle lumache e fornire loro cibo di alta qualità è essenziale per garantire una crescita ottimale.

Oltre ai fattori ambientali e alimentari, anche la genetica gioca un ruolo importante nella crescita e nello sviluppo delle lumache. La selezione dei genitori per la riproduzione può influenzare le caratteristiche genetiche della progenie, compresa la velocità di crescita e le dimensioni finali. Scegliere genitori sani e vigorosi può contribuire a produrre lumache giovani più robuste e resistenti.

Infine, la gestione generale dell'habitat delle lumache e delle condizioni di allevamento può influenzare in modo significativo la loro crescita e il loro sviluppo. Assicurarsi che le lumache abbiano spazio sufficiente per muoversi e esplorare, insieme a un ambiente pulito e privo di stress, può favorire una crescita ottimale e una salute generale.

In conclusione, la crescita e lo sviluppo delle lumache sono influenzati da una serie di fattori, tra cui temperatura, umidità, alimentazione, genetica e gestione dell'habitat. Comprendere e gestire questi fattori in modo appropriato è fondamentale per garantire una crescita sana e robusta delle lumache allevate.

8. Monitoraggio dell'ambiente: Regolare parametri per garantire un habitat ideale per la riproduzione

Il monitoraggio dell'ambiente è un aspetto cruciale nell'allevamento delle lumache, soprattutto quando si tratta di fornire loro un habitat ideale per la riproduzione. Ci sono diversi parametri ambientali che devono essere regolati e monitorati attentamente per garantire che le lumache siano in condizioni ottimali per riprodursi con successo.

Uno dei parametri chiave da monitorare è la temperatura dell'ambiente. Durante il periodo riproduttivo, le lumache possono essere particolarmente sensibili alle variazioni di temperatura. È importante mantenere una temperatura stabile e adatta alle esigenze riproduttive delle lumache. Ciò significa regolare il riscaldamento dell'habitat o utilizzare dispositivi di riscaldamento supplementari per garantire che la temperatura rimanga costante e nella gamma ottimale per la riproduzione.

Oltre alla temperatura, è essenziale monitorare anche l'umidità dell'ambiente. Durante il periodo riproduttivo, le lumache hanno bisogno di un ambiente umido per deporre le uova e favorire lo sviluppo embrionale. Monitorare e regolare l'umidità dell'habitat può essere fatto attraverso l'uso di nebulizzatori, substrati umidi o coperture per mantenere un livello di umidità adeguato.

La qualità dell'aria è un altro fattore da considerare nel monitoraggio dell'ambiente per la riproduzione delle lumache. Assicurarsi che l'aria sia fresca e ben ventilata può aiutare a prevenire l'accumulo di umidità e la formazione di muffe o batteri dannosi per le lumache e le loro uova. Utilizzare ventilatori o aperture di ventilazione può contribuire a garantire un flusso d'aria adeguato nell'habitat delle lumache.

Inoltre, è importante monitorare la qualità dell'acqua se si utilizzano fonti idriche all'interno dell'habitat delle lumache. Assicurarsi che l'acqua sia pulita e priva di contaminanti è fondamentale per la salute e il benessere delle lumache riproduttive e dei loro piccoli.

Infine, il controllo della luce può essere importante per simulare cicli giorno-notte naturali e influenzare il comportamento riproduttivo delle lumache. Utilizzare temporizzatori per regolare i cicli di illuminazione può aiutare a stabilizzare i ritmi circadiani delle lumache e favorire la riproduzione.

In sintesi, il monitoraggio costante dell'ambiente è essenziale per garantire un habitat ideale per la riproduzione delle lumache. Regolare i parametri come temperatura, umidità, qualità dell'aria, acqua e luce può contribuire a massimizzare le probabilità di successo nella riproduzione e nell'allevamento delle lumache.

XI. Cura dei piccoli e delle uova

1. Preparazione dell'Incubatrice: Creare un Ambiente Ideale per lo Sviluppo Embriogeno

La preparazione accurata dell'incubatrice è una fase essenziale nel processo di allevamento delle lumache, poiché la corretta creazione di un ambiente idoneo è fondamentale per favorire lo sviluppo embrionale ottimale e garantire il successo della riproduzione. In questa sezione, esploreremo approfonditamente i passaggi necessari per allestire un'incubatrice efficace e garantire condizioni ottimali per le uova di lumaca.

1. **Selezione dell'incubatrice:** Iniziamo scegliendo il contenitore giusto per l'incubazione delle uova. L'ideale è optare per un recipiente trasparente e abbastanza ampio da ospitare comodamente le uova senza sovrapposizione. Un contenitore con un coperchio trasparente è preferibile, poiché consente di osservare facilmente le uova durante il periodo di incubazione senza disturbare l'ambiente interno.

2. **Pulizia e disinfezione:** Prima di iniziare ad allestire l'incubatrice, è fondamentale assicurarsi che il contenitore sia pulito e privo di contaminanti. Si consiglia di lavare accuratamente il contenitore con acqua e sapone neutro e successivamente di disinfettarlo con una soluzione diluita di candeggina o un detergente specifico per la disinfezione di attrezzature da laboratorio. Questo passaggio è cruciale per prevenire la proliferazione di batteri dannosi che potrebbero compromettere lo sviluppo embrionale.

3. **Preparazione del substrato:** Dopo la pulizia e la disinfezione, è necessario preparare il substrato in cui verranno deposte le uova. Il substrato ideale per l'incubazione delle uova di lumaca può essere costituito da una miscela di torba, vermiculite e perlite, in grado di trattenere adeguatamente l'umidità senza diventare eccessivamente compatto. È importante assicurarsi che il substrato sia sufficientemente umido, ma non bagnato, per evitare problemi di sviluppo embrionale dovuti a un'eccessiva umidità.

4. **Controllo dell'umidità:** Mantenere un'adeguata umidità all'interno dell'incubatrice è fondamentale per il successo dell'incubazione. L'umidità può essere controllata utilizzando un igrometro, che fornisce informazioni precise sull'umidità relativa all'interno dell'incubatrice. Se l'umidità è troppo bassa, è possibile aumentarla spruzzando delicatamente acqua sul substrato o utilizzando un sistema di nebulizzazione. D'altra parte, se l'umidità è troppo alta, è consigliabile aerare l'incubatrice per consentire una migliore circolazione dell'aria e ridurre l'eccesso di umidità.

5. **Regolazione della temperatura:** La temperatura è un altro fattore critico da monitorare attentamente durante l'incubazione delle uova di lumaca. La temperatura ottimale per la maggior parte delle specie di lumache è compresa tra i 20°C e i 25°C. È importante posizionare l'incubatrice in un luogo dove la temperatura ambiente sia stabile e regolare, evitando sbalzi termici che potrebbero compromettere lo sviluppo embrionale. Un termometro affidabile all'interno dell'incubatrice permetterà di monitorare costantemente la temperatura e apportare eventuali correzioni se necessario.

6. **Osservazione e manutenzione:** Durante il periodo di incubazione, è importante osservare regolarmente le uova per verificare lo stato di sviluppo e garantire che le condizioni all'interno dell'incubatrice siano ottimali. Qualsiasi segno di muffa, decomposizione o anomalie dovrebbe essere affrontato prontamente per evitare il rischio di contaminazione delle uova. Inoltre, è consigliabile controllare periodicamente l'umidità e la temperatura e apportare eventuali correzioni se necessario.

Creare un ambiente ideale per l'incubazione delle uova di lumaca richiede attenzione ai dettagli e una corretta gestione delle condizioni ambientali. Seguendo attentamente questi passaggi e monitorando costantemente le condizioni dell'incubatrice, è possibile massimizzare le probabilità di successo e ottenere un numero elevato di piccoli sani e vitali.

2. Nutrizione Precoce: Fornire Alimenti Adeguati ai Giovani Lumachine Appena Schiuse

Una corretta alimentazione fin dalle prime fasi di vita è cruciale per il sano sviluppo e la crescita ottimale dei giovani lumachine. Quando le lumache appena schiuse emergono dall'uovo, sono estremamente vulnerabili e dipendono interamente dall'ambiente circostante per soddisfare le loro esigenze nutrizionali. In questa fase delicata, è essenziale fornire loro alimenti adatti che siano facilmente digeribili e ricchi di nutrienti essenziali per favorire la loro crescita e vitalità.

1. **Alimenti adatti:** Le giovani lumachine hanno bisogno di alimenti morbidi e facilmente masticabili poiché le loro mascelle sono ancora in via di sviluppo. Si consiglia di fornire loro una dieta composta da alimenti vegetali freschi e teneri, come foglie di lattuga, spinaci, erba medica e cavoli. È importante evitare alimenti duri o secchi che potrebbero essere difficili da consumare e digerire per i piccoli.
2. **Integrazione di calcio:** Il calcio è un nutriente vitale per la formazione e lo sviluppo dei gusci delle lumache. Durante le prime fasi di vita, è particolarmente importante integrare la dieta delle giovani lumachine con fonti di calcio, come polvere di calcio o gusci d'uovo schiacciati. Questo aiuterà a garantire che le lumachine sviluppino gusci robusti e resistenti che offrono protezione e sostegno durante la crescita.

3. **Umido e fresco:** Le lumachine giovani tendono ad apprezzare ambienti umidi e freschi. Assicurarsi che l'area di alimentazione sia mantenuta umida con una leggera nebulizzazione d'acqua regolare aiuta a prevenire la disidratazione e favorisce una migliore assimilazione degli alimenti. Inoltre, è importante mantenere una temperatura ambiente stabile e moderata per evitare stress termico alle lumachine.

4. **Frequenti somministrazioni:** Poiché le lumachine crescono rapidamente durante le prime settimane di vita, è consigliabile somministrare piccole porzioni di cibo più volte al giorno per soddisfare il loro rapido fabbisogno energetico e nutrizionale. Monitorare attentamente il consumo di cibo e assicurarsi che le lumachine abbiano sempre accesso a cibo fresco e idratato.

5. **Varietà nell'alimentazione:** Introdurre una varietà di alimenti nella dieta delle giovani lumachine può aiutare a garantire un apporto nutrizionale completo e bilanciato. Oltre alle verdure fresche, è possibile offrire loro alimenti proteici come fiocchi di alghe o mangimi specifici per lumache disponibili in commercio. Assicurarsi di introdurre gradualmente nuovi alimenti e monitorare attentamente la risposta delle lumachine per garantire una buona accettazione e una corretta digestione.

Fornire una nutrizione adeguata fin dalle prime fasi di vita è fondamentale per garantire una crescita sana e vigorosa delle giovani lumachine, preparandole per una vita adulta prospera e produttiva. Prestare attenzione ai dettagli nell'alimentazione e nel monitoraggio delle lumachine durante questa fase critica può fare la differenza nel loro successo e benessere complessivo.

3. Primi Cura e Manutenzione: Tecniche per la Cura dei Piccoli Lumache

La cura dei piccoli lumache richiede una combinazione di attenzione, prontezza e competenza per garantire il loro sano sviluppo e la loro crescita ottimale. Durante le prime fasi della loro vita, le lumachine sono particolarmente sensibili agli stress ambientali e alle condizioni avverse, quindi è essenziale adottare una serie di tecniche di cura mirate per assicurare il loro benessere complessivo.

1. **Controllo dell'ambiente:** Creare un ambiente sicuro e confortevole per i piccoli lumache è fondamentale per il loro benessere. Assicurarsi che l'incubatrice o l'area di allevamento sia mantenuta pulita, ben ventilata e priva di potenziali pericoli o predatori. Monitorare regolarmente la temperatura, l'umidità e altri parametri ambientali per assicurarsi che siano mantenuti nei range ottimali per la salute delle lumachine.
2. **Manipolazione delicata:** Durante le operazioni di cura e manutenzione, è importante manipolare i piccoli lumache con estrema delicatezza per evitare danni fisici o stress eccessivo. Utilizzare strumenti morbidi e non invasivi, come pennelli morbidi o guanti in lattice, quando necessario, e evitare di toccare o manipolare i piccoli più del necessario.
3. **Alimentazione regolare:** Le lumachine hanno bisogno di un apporto regolare di cibo per sostenere la loro crescita e sviluppo. Assicurarsi di fornire loro piccole porzioni di cibo fresco e nutriente più volte al giorno, adattando la quantità e il tipo di cibo in base alle loro esigenze specifiche e alla loro fase di sviluppo. Monitorare attentamente il consumo di cibo e regolare l'alimentazione di conseguenza.

4. **Idratazione adeguata:** Le lumachine hanno bisogno di una costante fonte di idratazione per evitare la disidratazione e sostenere processi vitali come la digestione e l'assorbimento dei nutrienti. Assicurarsi che abbiano accesso a una fonte di acqua fresca e pulita in ogni momento, preferibilmente attraverso un piccolo piatto d'acqua o un substrato umido.
5. **Controllo della crescita:** Durante le prime settimane di vita, monitorare attentamente la crescita e lo sviluppo dei piccoli lumache per identificare eventuali segni di problemi o anomalie precocemente. Prestare particolare attenzione alla dimensione e alla forma del guscio, alla vitalità e all'attività generale delle lumachine per individuare tempestivamente eventuali segnali di malessere o problemi di salute.
6. **Interventi veterinari:** In caso di emergenze o problemi di salute che non possono essere gestiti autonomamente, consultare immediatamente un veterinario esperto in lumache per una valutazione e un trattamento appropriati. Assicurarsi di avere a disposizione un piano di emergenza veterinaria e i contatti di un professionista qualificato per garantire il benessere e la salute dei piccoli lumache in ogni situazione.

Fornire cure premurose e mirate durante le prime fasi di vita è fondamentale per garantire il successo e il benessere a lungo termine dei piccoli lumache, preparandoli per una vita sana e produttiva. Prestare attenzione ai dettagli e seguire le migliori pratiche di cura può fare la differenza nel loro sviluppo e nella loro vitalità complessiva.

4. Crescita e Sviluppo: Monitoraggio delle Tappe Cruciali nello Sviluppo dei Piccoli

Il monitoraggio attento delle tappe cruciali nello sviluppo dei piccoli lumache è essenziale per garantire una crescita sana e un sviluppo ottimale. Durante le prime settimane e i primi mesi di vita, i piccoli lumache attraversano una serie di fasi di crescita e sviluppo, ognuna delle quali porta con sé importanti cambiamenti fisici e comportamentali. Ecco alcuni punti chiave da tenere in considerazione durante il monitoraggio delle tappe cruciali nello sviluppo dei piccoli lumache:

1. **Crescita del guscio:** La crescita del guscio è un indicatore importante dello sviluppo dei piccoli lumache. Monitorare regolarmente la dimensione e la forma del guscio può fornire preziose informazioni sul loro benessere complessivo. Assicurarsi che il guscio sia robusto, uniforme e privo di crepe o anomalie può indicare una crescita sana e un adeguato apporto di calcio nella loro dieta.

2. **Sviluppo delle antenne e degli occhi:** Le antenne e gli occhi sono importanti per l'orientamento e la percezione ambientale delle lumache. Durante le prime fasi di vita, monitorare lo sviluppo delle antenne e degli occhi può aiutare a valutare la loro salute e vitalità complessiva. Assicurarsi che le antenne siano ben sviluppate e che gli occhi siano chiari e luminosi può indicare una crescita e uno sviluppo normali.

3. **Attività e movimento:** L'attività e il movimento dei piccoli lumache sono indicatori cruciali del loro benessere e sviluppo. Monitorare la loro capacità di muoversi liberamente e di esplorare il loro ambiente può fornire importanti informazioni sul loro stato di salute e sullo sviluppo delle loro capacità motorie. Assicurarsi che i piccoli lumache siano attivi e reattivi può indicare una crescita e uno sviluppo normali.

4. **Alimentazione e nutrizione:** La corretta alimentazione e nutrizione sono fondamentali per sostenere la crescita e lo sviluppo dei piccoli lumache. Monitorare attentamente il loro consumo di cibo e la loro risposta alla dieta può aiutare a valutare la qualità della loro alimentazione e a identificare eventuali problemi di nutrizione precocemente. Assicurarsi che i piccoli lumache mangino regolarmente e che rispondano positivamente alla loro dieta può indicare un adeguato apporto di nutrienti essenziali per la loro crescita.

5. **Interazioni sociali:** Le lumachine possono mostrare comportamenti sociali già dalle prime fasi di vita. Monitorare le loro interazioni con i loro simili può fornire informazioni preziose sul loro benessere emotivo e sullo sviluppo delle loro abilità sociali. Assicurarsi che i piccoli lumache interagiscano in modo sano e armonioso con i loro compagni può indicare una crescita e uno sviluppo positivi dal punto di vista sociale.

Il monitoraggio attento di questi e altri indicatori di crescita e sviluppo può aiutare gli allevatori a identificare tempestivamente eventuali problemi e a prendere le misure necessarie per garantire il benessere e la salute dei loro piccoli lumache. Prestare attenzione ai dettagli e rispondere prontamente ai segnali di malessere può fare la differenza nel promuovere una crescita sana e un sviluppo ottimale nei piccoli lumache.

5. Controllo dell'Ambiente: Garantire Condizioni Ottimali per la Crescita dei Piccoli Lumache

Per garantire condizioni ottimali per la crescita dei piccoli lumache, è fondamentale prestare attenzione a diversi aspetti dell'ambiente in cui vengono allevati. Ecco alcuni suggerimenti pratici per il controllo efficace dell'ambiente:

1. **Temperatura:** Mantenere una temperatura costante e controllata nell'ambiente di allevamento è essenziale per la crescita sana delle lumachine. Utilizzare termometri per monitorare attentamente la temperatura e regolare l'ambiente di conseguenza. La temperatura ottimale varia a seconda della specie di lumaca, ma in generale dovrebbe essere compresa tra i 20°C e i 25°C per favorire una crescita ottimale.

2. **Umidità:** Le lumachine hanno bisogno di un ambiente umido per crescere correttamente. Assicurarsi che l'umidità sia mantenuta ad un livello adeguato, preferibilmente intorno al 70-80%. Utilizzare substrati che trattenengano l'umidità e spruzzare regolarmente acqua nell'ambiente se necessario per mantenere un livello ottimale di umidità.

3. **Ventilazione:** Garantire un adeguato flusso d'aria nell'ambiente di allevamento è importante per prevenire la formazione di muffe e mantenere la qualità dell'aria. Assicurarsi che ci siano aperture di ventilazione adeguate per consentire il ricambio d'aria, evitando però correnti d'aria troppo forti che potrebbero stressare le lumachine.

4. **Pulizia:** Mantenere pulito l'ambiente di allevamento è cruciale per prevenire l'accumulo di batteri e parassiti dannosi per le lumachine. Pulire regolarmente il terrario o l'area di allevamento, rimuovendo eventuali resti di cibo, escrementi e materiale organico in decomposizione. Utilizzare substrati che consentano un facile accesso per la pulizia e sostituirli regolarmente.

5. **Alimentazione:** Fornire una dieta equilibrata e nutriente è fondamentale per la crescita sana delle lumachine. Assicurarsi di offrire loro una varietà di alimenti freschi e nutrienti, come verdure fresche, frutta, foglie e alimenti commerciali specifici per lumache. Monitorare attentamente l'assunzione alimentare e regolare la dieta in base alle esigenze individuali delle lumachine.

6. **Rifugi e nascondigli:** Le lumachine hanno bisogno di rifugi sicuri e nascondigli dove possono ritirarsi per riposare e sentirsi al sicuro. Fornire loro nascondigli appropriati, come gusci vuoti, pezzi di legno o piante vive, può aiutare a ridurre lo stress e promuovere comportamenti naturali.

7. **Monitoraggio costante:** È importante monitorare costantemente l'ambiente di allevamento e il comportamento delle lumachine per individuare tempestivamente eventuali problemi o segni di stress. Osservare attentamente le lumachine per segni di malattia, stress o problemi ambientali e intervenire prontamente se necessario.

Assicurarsi di seguire queste linee guida e di adattare l'ambiente di allevamento alle esigenze specifiche delle lumachine può contribuire a garantire condizioni ottimali per la loro crescita e sviluppo sani. Prestare attenzione ai dettagli e fornire cure premurose può fare la differenza nel successo dell'allevamento delle lumache.

6. Introduzione alla Vita all'Aperto: Preparazione e Transizione dei Giovani Lumache all'Esterno

L'introduzione alla vita all'aperto per le giovani lumache è un passo cruciale nel loro processo di crescita e sviluppo. Tuttavia, è importante preparare attentamente le lumachine per questa transizione per garantire una transizione sicura e senza problemi all'ambiente esterno. Ecco alcuni passaggi importanti da seguire durante la preparazione e la transizione dei giovani lumache all'aperto:

1. **Valutazione dell'ambiente esterno:** Prima di trasferire le lumachine all'esterno, è essenziale valutare attentamente l'ambiente esterno per garantire che sia adatto alle loro esigenze. Verificare la presenza di fonti di cibo e acqua, nonché la presenza di predatori potenziali o altre minacce per la loro sicurezza.

2. **Gradualità della transizione:** La transizione delle lumachine all'aperto dovrebbe avvenire gradualmente per consentire loro di adattarsi gradualmente alle nuove condizioni ambientali. Iniziare con brevi periodi di esposizione all'aperto e aumentare gradualmente la durata man mano che le lumachine si abituano all'ambiente esterno.

3. **Protezione dall'esposizione eccessiva:** Durante la transizione all'aperto, è importante proteggere le lumachine dall'esposizione eccessiva al sole diretto o alle condizioni atmosferiche estreme. Fornire rifugi o nascondigli all'ombra può aiutare a proteggerle dal calore eccessivo o dall'umidità.

4. **Controllo della temperatura e dell'umidità:**
   Monitorare attentamente la temperatura e l'umidità durante la transizione all'aperto è fondamentale per garantire il benessere delle lumachine. Assicurarsi che siano esposte a temperature moderate e che l'umidità sia mantenuta ad un livello ottimale per favorire la loro sopravvivenza e crescita.
5. **Introduzione graduale ai nuovi cibi:** Durante la transizione all'aperto, è importante introdurre gradualmente nuovi cibi nella dieta delle lumachine per consentire loro di adattarsi ai nuovi ambienti alimentari. Iniziare con piccole quantità di cibo e monitorare attentamente la loro risposta può aiutare a prevenire problemi digestivi o altri disturbi legati all'alimentazione.
6. **Monitoraggio costante:** Durante la transizione all'aperto, è essenziale monitorare costantemente le lumachine per garantire il loro benessere e adattamento all'ambiente esterno. Osservare il loro comportamento, la loro attività e l'aspetto generale può fornire preziose informazioni sul loro stato di salute e adattamento.

Preparare e trasferire le giovani lumache all'aperto richiede attenzione ai dettagli e una pianificazione oculata per garantire una transizione sicura e senza problemi. Seguendo questi passaggi e prestano attenzione alle esigenze individuali delle lumachine, è possibile promuovere una crescita sana e un adattamento positivo all'ambiente esterno.

XII. Tecniche per l'ottimizzazione della crescita delle lumache

1. Selezione dei Alimenti: Scegliere la Migliore Dieta per la Crescita Ottimale

La selezione dei alimenti rappresenta un aspetto cruciale nell'allevamento delle lumache per garantire una crescita ottimale e una salute generale. Scegliere la migliore dieta per le lumache dipende da diversi fattori, tra cui la specie specifica, l'età e lo stadio di sviluppo. Le lumache hanno esigenze nutrizionali diverse durante le varie fasi della loro vita, quindi è importante adattare la dieta di conseguenza.

In generale, le lumache commestibili hanno bisogno di una dieta equilibrata che fornisca una combinazione di proteine, carboidrati, grassi, vitamine e minerali essenziali. Le proteine sono fondamentali per la crescita e lo sviluppo muscolare, mentre i carboidrati forniscono energia. I grassi sono importanti per la salute generale e per la produzione di gusci robusti. Le vitamine e i minerali sono essenziali per molte funzioni corporee, inclusa la corretta formazione del guscio.

Per le lumache terrestri, una dieta composta principalmente da verdure fresche, come lattuga, cavolo, carote, zucchine e spinaci, è ideale. È importante evitare alimenti ad alto contenuto di sale o zuccheri, nonché alimenti tossici per le lumache, come agrumi o cibi piccanti. Inoltre, è consigliabile fornire occasionalmente fonti di calcio, come gusci d'uovo triturati o farina d'ossa, per promuovere la salute del guscio.

Durante la fase di crescita rapida, come nei giovani lumache, è consigliabile offrire alimenti ad alto contenuto proteico, come fiocchi di pesce, uova sode o mangimi specializzati per lumache. Questi alimenti aiutano a sostenere una crescita rapida e robusta.

È importante anche considerare la consistenza degli alimenti. Le lumache preferiscono cibi morbidi e umidi, quindi assicurarsi che gli alimenti siano freschi e ben idratati. Inoltre, è consigliabile variare la dieta per fornire una gamma di nutrienti e stimolare l'appetito delle lumache.

La scelta dei alimenti deve essere accurata e mirata per garantire una crescita ottimale e una salute generale delle lumache. Monitorare attentamente la risposta delle lumache alla dieta e regolare di conseguenza per soddisfare le loro esigenze in evoluzione è fondamentale per un allevamento di successo.

2. Ambiente Ideale: Creare Condizioni Ottimali per la Crescita e lo Sviluppo

Creare un ambiente ideale è fondamentale per garantire la crescita e lo sviluppo ottimali delle lumache. Questo include la gestione di diversi parametri ambientali, come temperatura, umidità, illuminazione e ventilazione, al fine di fornire condizioni ottimali per il benessere delle lumache.

Innanzitutto, è importante mantenere una temperatura costante e adatta alle esigenze delle lumache. Le temperature troppo alte o troppo basse possono influenzare negativamente la crescita e la salute delle lumache. Per le specie terrestri, una temperatura ambiente compresa tra i 20°C e i 25°C è generalmente considerata ottimale. È possibile utilizzare termometri per monitorare accuratamente la temperatura all'interno dell'habitat e regolare di conseguenza con riscaldatori o ventilatori.

L'umidità è un altro fattore critico da considerare. Le lumache hanno bisogno di un ambiente umido per mantenere la loro idratazione e favorire il movimento. Per le lumache terrestri, un'umidità relativa del 70-80% è consigliata. Questo può essere ottenuto attraverso l'uso di substrati adatti che trattenengano l'umidità, come torba, muschio o terriccio misto a sabbia. È importante anche spruzzare regolarmente l'habitat con acqua per mantenere l'umidità.

La corretta illuminazione è anche importante per il ciclo di vita delle lumache. Sebbene molte lumache preferiscano l'oscurità, è comunque necessario fornire una fonte di luce diffusa per mantenere un ciclo giorno-notte regolare. L'illuminazione a LED o a lampade fluorescenti può essere utilizzata per simulare la luce naturale e garantire un ciclo sonno-veglia regolare per le lumache.

Infine, una buona ventilazione è essenziale per garantire un flusso d'aria adeguato all'interno dell'habitat. Una ventilazione insufficiente può portare a problemi di umidità e muffa, mentre una ventilazione eccessiva può causare secchezza e stress per le lumache. È consigliabile utilizzare griglie di ventilazione regolabili per controllare il flusso d'aria e assicurarsi che l'habitat sia ben ventilato senza essere troppo ventilato.

Creare un ambiente ideale richiede attenzione ai dettagli e monitoraggio costante dei parametri ambientali. Con cura e attenzione, è possibile creare un habitat ottimale che favorisca la crescita e lo sviluppo sani delle lumache.

3. Controllo della Temperatura: Mantenere il Clima Giusto per una Crescita Salutare

Mantenere una temperatura ottimale è essenziale per garantire una crescita sana e prospera delle lumache. Le variazioni estreme di temperatura possono influenzare negativamente il loro metabolismo e il loro benessere complessivo. Pertanto, è importante adottare misure per controllare e mantenere il clima giusto all'interno dell'ambiente di allevamento.

Per regolare la temperatura, è possibile utilizzare una combinazione di metodi passivi e attivi. I metodi passivi includono l'isolamento dell'habitat per ridurre le variazioni di temperatura esterne e l'utilizzo di materiali termicamente isolanti come schiuma di polistirolo o coperture isolanti. Questi materiali aiutano a trattenere il calore all'interno dell'habitat durante i periodi più freddi e a bloccare il calore eccessivo durante i periodi più caldi.

Inoltre, è possibile utilizzare dispositivi di riscaldamento o raffreddamento per mantenere una temperatura costante all'interno dell'habitat. Ad esempio, nel caso delle lumache terrestri, è possibile utilizzare tappetini termici o lampade riscaldanti per fornire calore supplementare durante i periodi più freddi. Al contrario, durante i periodi caldi, è possibile utilizzare ventilatori o refrigeratori per mantenere una temperatura confortevole.

È importante monitorare attentamente la temperatura all'interno dell'habitat utilizzando termometri digitali o analogici posizionati in punti strategici. Questi termometri consentono di tenere traccia delle variazioni di temperatura e di regolare di conseguenza i dispositivi di riscaldamento o raffreddamento.

Inoltre, è fondamentale prestare attenzione alle esigenze specifiche delle diverse specie di lumache. Alcune specie potrebbero preferire temperature leggermente più alte o più basse rispetto ad altre, quindi è importante fare ricerche approfondite sulle esigenze specifiche della specie che si intende allevare.

Infine, è importante evitare sbalzi di temperatura repentini, che possono essere dannosi per le lumache. Graduali variazioni di temperatura sono preferibili per consentire alle lumache di adattarsi gradualmente alle condizioni ambientali.

Assicurarsi di mantenere una temperatura costante e adatta alle esigenze delle lumache è fondamentale per garantire una crescita sana e un benessere ottimale.

4. Gestione dell'Umidità: Equilibrare l'Acqua per Favorire una Crescita Rigogliosa

Mantenere un livello ottimale di umidità nell'ambiente delle lumache è fondamentale per favorire una crescita rigogliosa e una salute ottimale. Le lumache hanno bisogno di un ambiente sufficientemente umido per mantenere la loro idratazione, facilitare la maturazione dei loro gusci e favorire un corretto funzionamento dei loro processi fisiologici.

Per gestire l'umidità, è importante prendere in considerazione diversi fattori, tra cui la ventilazione, l'irrigazione e l'uso di substrati adatti. Una buona ventilazione dell'habitat è essenziale per prevenire la formazione di muffe e il ristagno dell'umidità e assicurare una buona circolazione dell'aria. Tuttavia, è importante trovare un equilibrio, poiché una ventilazione eccessiva potrebbe causare un'eccessiva perdita di umidità.

Per mantenere un ambiente sufficientemente umido, è possibile utilizzare diverse tecniche di irrigazione. Ad esempio, è possibile nebulizzare leggermente l'ambiente una o due volte al giorno utilizzando uno spruzzatore a mano o un sistema di nebulizzazione automatico. Questo aiuta a mantenere un livello costante di umidità senza inondare l'habitat.

Inoltre, la scelta del substrato gioca un ruolo fondamentale nella gestione dell'umidità. Substrati come torba, muschio di sfagno o terriccio misto a perlite possono aiutare a trattenere l'umidità e mantenere un ambiente più stabile per le lumache. Tuttavia, è importante assicurarsi che il substrato non diventi eccessivamente bagnato, poiché ciò potrebbe favorire la proliferazione di batteri nocivi.

Monitorare regolarmente i livelli di umidità è essenziale per garantire che siano mantenuti all'interno del range ottimale per le lumache. È possibile utilizzare igrometri o termoigrometri per misurare con precisione l'umidità dell'aria nell'habitat e regolare di conseguenza le tecniche di irrigazione e ventilazione.

Infine, è importante prestare attenzione alle esigenze specifiche delle diverse specie di lumache, poiché alcune potrebbero richiedere livelli di umidità leggermente diversi. Fare ricerche sulla specie specifica che si sta allevando aiuterà a garantire che l'umidità sia mantenuta al livello ottimale per la crescita e la salute delle lumache.

5. Monitoraggio della Salute: Tecniche per Rilevare e Prevenire Problemi di Crescita

Il monitoraggio costante della salute delle lumache è essenziale per rilevare e prevenire eventuali problemi di crescita che potrebbero verificarsi nel corso del tempo. Esistono diverse tecniche e pratiche che gli allevatori possono adottare per garantire che le loro lumache crescano in modo sano e robusto.

Una delle prime tecniche di monitoraggio consiste nell'osservare attentamente il comportamento e l'aspetto fisico delle lumache. Questo può includere l'osservazione della loro attività quotidiana, il modo in cui si muovono e interagiscono con l'ambiente circostante. Le lumache che mostrano segni di letargia, perdita di appetito o comportamenti anomali potrebbero indicare un problema di salute sottostante che richiede attenzione.

Inoltre, è importante esaminare regolarmente le lumache per rilevare eventuali segni di malattie o parassiti. Questo può includere l'ispezione visiva del loro guscio e del loro corpo alla ricerca di segni di lesioni, macchie anomale, o la presenza di parassiti esterni come acari o pidocchi. Inoltre, è possibile esaminare le feci delle lumache per rilevare eventuali segni di parassiti interni o problemi digestivi.

Oltre all'osservazione visiva, è consigliabile tenere un registro dettagliato delle condizioni ambientali e delle pratiche di gestione dell'allevamento. Questo può includere registrazioni dei livelli di temperatura e umidità, delle pratiche di alimentazione, delle eventuali modifiche all'ambiente e dei sintomi o problemi riscontrati nelle lumache nel corso del tempo. Tenere un registro accurato di queste informazioni può aiutare gli allevatori a identificare eventuali tendenze o correlazioni tra le condizioni ambientali e la salute delle lumache.

Infine, è consigliabile stabilire una routine di controllo regolare della salute da parte di un veterinario esperto in animali esotici o invertebrati. Questo può includere esami fisici periodici, analisi delle feci per rilevare parassiti interni, e altri test diagnostici per identificare eventuali problemi di salute sottostanti. La consulenza di un professionista può fornire agli allevatori preziose informazioni e consigli su come mantenere le lumache in salute e prevenire problemi di crescita.

6. Allevamento Intensivo: Ottimizzare lo Spazio per Massimizzare la Crescita

Nell'allevamento intensivo delle lumache, è fondamentale ottimizzare lo spazio disponibile per massimizzare la crescita e garantire il benessere degli animali. Ci sono diverse tecniche e pratiche che gli allevatori possono adottare per sfruttare al meglio lo spazio a loro disposizione e promuovere una crescita sana e robusta delle lumache.

Una delle prime considerazioni nell'allevamento intensivo è la progettazione di un layout efficiente e funzionale dell'ambiente. Questo può includere l'organizzazione degli spazi in modo da massimizzare l'accesso alla luce solare e alla ventilazione naturale, nonché la creazione di aree dedicate per l'alimentazione, la riproduzione e il riposo delle lumache. Utilizzare scaffali o impilare gli alloggi verticalmente può aiutare a ottimizzare lo spazio disponibile senza compromettere il comfort e il benessere degli animali.

Inoltre, è importante considerare l'utilizzo di substrati e materiali di allevamento appropriati che possano favorire la crescita e il benessere delle lumache. Ad esempio, utilizzare substrati ricchi di calcio e altri nutrienti può contribuire a promuovere una crescita ottimale delle conchiglie e a prevenire eventuali carenze nutrizionali. Inoltre, fornire una varietà di nascondigli e rifugi può aiutare le lumache a sentirsi al sicuro e ridurre lo stress, favorendo così una crescita più rapida e robusta.

Un'altra strategia per ottimizzare lo spazio è l'utilizzo di sistemi di alimentazione e abbeveraggio automatici o semiautomatici. Questi dispositivi possono aiutare a ridurre il tempo e lo sforzo necessario per fornire cibo e acqua alle lumache, consentendo agli allevatori di concentrarsi su altre attività cruciali per la crescita e la gestione dell'allevamento.

Infine, è importante adottare pratiche di gestione dell'allevamento che promuovano la salute e il benessere delle lumache, riducendo al contempo il rischio di malattie e stress. Questo può includere la pulizia regolare degli alloggi, il controllo costante delle condizioni ambientali e la somministrazione di una dieta bilanciata e nutriente. Mantenere una routine di cura e monitoraggio costante può contribuire a garantire che le lumache crescano in modo sano e prospero, massimizzando così il rendimento e il successo dell'allevamento intensivo.

7. Promozione dell'Esercizio: Strategie per Favorire un Movimento Salutare e la Crescita Muscolare

Nel promuovere la salute e il benessere delle lumache, è essenziale incoraggiare l'esercizio fisico e favorire una crescita muscolare sana. Anche se potrebbe sembrare controintuitivo associare l'esercizio alle lumache, fornire opportunità per il movimento può avere benefici significativi sulla loro salute generale e sulla crescita.

Una delle strategie per promuovere l'esercizio è garantire che le lumache abbiano accesso a un ambiente stimolante e ricco di opportunità per muoversi. Questo può includere la disposizione di rocce, tronchi e altri elementi naturali all'interno dell'area di allevamento, che le lumache possono esplorare e arrampicarsi. Inoltre, la creazione di percorsi o aree con diverse superfici, come terreno accidentato o ghiaia, può incoraggiare le lumache a esercitarsi e adattarsi a una varietà di condizioni.

Oltre a fornire un ambiente stimolante, gli allevatori possono anche incoraggiare l'esercizio attraverso l'uso di giocattoli e attrezzature appositamente progettati per le lumache. Ad esempio, è possibile posizionare palline o oggetti rotolanti nella loro area di allevamento, che le lumache possono spingere o esplorare, stimolando così l'attività fisica. Allo stesso modo, l'installazione di strutture arrampicabili o piattaforme può offrire alle lumache opportunità per esercitare i loro muscoli e migliorare la loro agilità.

Inoltre, è importante considerare la distribuzione degli alimenti e delle risorse all'interno dell'ambiente di allevamento in modo da incoraggiare le lumache a muoversi e cercare il cibo. Utilizzare alimentatori mobili o distribuire il cibo in diverse aree dell'area di allevamento può stimolare le lumache a esplorare e muoversi mentre cercano il cibo, contribuendo così a promuovere l'esercizio e la crescita muscolare.

Infine, monitorare attentamente l'attività e il comportamento delle lumache può aiutare gli allevatori a valutare l'efficacia delle strategie di promozione dell'esercizio e apportare eventuali aggiustamenti necessari. Osservare se le lumache sono attive e impegnate nel movimento può fornire indicazioni preziose sulla loro salute e sul benessere complessivo.

8. Trattamenti Nutrizionali Avanzati: Utilizzo di Integratori per Accelerare la Crescita

Nell'ottica di ottimizzare la crescita delle lumache, l'uso di trattamenti nutrizionali avanzati può giocare un ruolo significativo nel favorire una crescita accelerata e sana. Gli integratori alimentari, quando utilizzati in modo appropriato e dosato correttamente, possono fornire alle lumache i nutrienti necessari per sostenere una crescita ottimale e migliorare il loro stato di salute complessivo.

Prima di iniziare qualsiasi regime di integrazione nutrizionale, è essenziale comprendere le esigenze specifiche delle lumache in termini di nutrienti. Ciò può includere una valutazione delle loro esigenze proteiche, vitaminiche e minerali, nonché la considerazione di fattori come l'età, il livello di attività e le condizioni ambientali. Consultare un esperto o un veterinario specializzato in lumache può essere utile per sviluppare un piano nutrizionale personalizzato per il proprio allevamento.

Una volta identificate le esigenze nutrizionali specifiche delle lumache, è possibile esplorare una varietà di integratori disponibili sul mercato. Questi possono includere integratori proteici, vitamine, minerali e altri nutrienti essenziali che possono essere aggiunti alla loro dieta per garantire un adeguato apporto nutrizionale. È importante scegliere integratori di alta qualità, formulati appositamente per le lumache e privi di ingredienti dannosi o potenzialmente tossici.

Gli integratori possono essere somministrati alle lumache in una varietà di modi, tra cui l'aggiunta diretta al loro cibo, la dispersione nell'ambiente di allevamento o l'uso di gel o soluzioni liquide. È importante seguire attentamente le istruzioni di dosaggio e somministrazione fornite dal produttore dell'integratore per garantire un utilizzo sicuro ed efficace.

Tuttavia, è fondamentale ricordare che gli integratori nutrizionali dovrebbero essere utilizzati come parte di una dieta equilibrata e non sostituirsi completamente ai nutrienti ottenuti attraverso il cibo naturale. Inoltre, è importante monitorare attentamente la risposta delle lumache agli integratori e apportare eventuali aggiustamenti in base alle loro esigenze individuali e alla loro risposta.

In conclusione, l'uso di trattamenti nutrizionali avanzati, come gli integratori, può essere uno strumento prezioso per accelerare la crescita e migliorare la salute delle lumache. Tuttavia, è importante utilizzare tali trattamenti in modo responsabile e in combinazione con una dieta equilibrata e un ambiente di allevamento ottimale per massimizzare i benefici per le lumache.

XIII. Controllo della qualità dell'ambiente e dell'acqua

1. Analisi dei parametri dell'acqua: Strumenti e tecniche di valutazione

L'analisi dei parametri dell'acqua è un aspetto fondamentale nell'allevamento di lumache e in qualsiasi ambiente acquatico. Prima di immergersi nel mondo dell'acquacoltura, è essenziale comprendere i diversi strumenti e le tecniche utilizzate per valutare la qualità dell'acqua. Questo ci consente di garantire un ambiente ottimale per la crescita e il benessere delle lumache, nonché per prevenire potenziali problemi di salute e stress.

Uno dei parametri più importanti da monitorare è il livello di pH dell'acqua. Il pH misura l'acidità o alcalinità dell'ambiente acquatico e può influenzare direttamente la salute delle lumache. Strumenti come i test kit per il pH forniscono un modo rapido ed efficace per valutare questa importante variabile. È consigliabile mantenere il pH dell'acqua entro un range specifico, ottimale per le lumache, che di solito si situa tra 7 e 8.

Oltre al pH, è cruciale tenere sotto controllo anche altri parametri chiave come la temperatura dell'acqua. La temperatura gioca un ruolo critico nella fisiologia delle lumache e può influenzare il loro metabolismo, la crescita e persino la riproduzione. Strumenti come i termometri subacquei consentono di monitorare con precisione la temperatura dell'acqua e di apportare eventuali regolazioni per mantenerla stabile e adatta alle esigenze delle lumache.

Un altro parametro da considerare è la concentrazione di ossigeno disciolto nell'acqua. Le lumache, come molti altri organismi acquatici, dipendono dall'ossigeno per sopravvivere e prosperare. L'utilizzo di misuratori di ossigeno dissolto consente di valutare se i livelli di ossigeno nell'acqua sono sufficienti per le lumache. Assicurarsi che l'acqua contenga una quantità adeguata di ossigeno è essenziale per evitare problemi di ipossia e garantire il benessere delle lumache.

In aggiunta a questi parametri, è importante valutare anche la durezza dell'acqua e la presenza di eventuali contaminanti come ammoniaca, nitriti e nitrati. Strumenti come i test chimici e i kit di analisi dell'acqua forniscono un modo accurato per monitorare questi fattori e intervenire tempestivamente in caso di anomalie.

In sintesi, l'analisi dei parametri dell'acqua è un passaggio cruciale nell'allevamento di lumache, poiché fornisce informazioni preziose sulla salute dell'ambiente acquatico. Utilizzando gli strumenti e le tecniche appropriati, è possibile mantenere condizioni ottimali per la crescita e il benessere delle lumache, garantendo loro una vita sana e prospera.

2. Ottimizzazione del pH: Regolazione e monitoraggio per un ambiente equilibrato

La gestione del pH dell'acqua è una delle sfide più importanti nell'allevamento di lumache e richiede una costante attenzione e monitoraggio. Un pH equilibrato è fondamentale per garantire un ambiente ottimale per la crescita e la salute delle lumache. Tuttavia, il pH dell'acqua può fluttuare a causa di vari fattori, come la decomposizione dei materiali organici, l'attività biologica e l'introduzione di nuovi elementi nell'acqua.

Per ottimizzare il pH dell'acqua, è essenziale comprendere i fattori che possono influenzarlo e adottare misure preventive per mantenere un ambiente equilibrato. Una delle tecniche più comuni per regolare il pH è l'uso di sostanze tampone, che possono aiutare a stabilizzare il pH dell'acqua impedendo variazioni improvvise. Sostanze come il carbonato di calcio e il bicarbonato di sodio possono essere aggiunte all'acqua per mantenere il pH entro un range ottimale per le lumache.

Tuttavia, è importante evitare cambiamenti improvvisi nel pH dell'acqua, poiché ciò potrebbe causare stress e danni alle lumache. Monitorare regolarmente il pH dell'acqua con l'ausilio di kit di test o strumenti digitali è fondamentale per rilevare eventuali variazioni e intervenire tempestivamente per correggerle.

Inoltre, è importante considerare l'impatto delle attività quotidiane sull'equilibrio del pH dell'acqua. Ad esempio, il sovraffollamento dell'acquario, il sovralimentazione delle lumache e la mancata pulizia del substrato possono contribuire all'accumulo di rifiuti organici e all'aumento dei livelli di CO_2, influenzando negativamente il pH dell'acqua.

Un altro aspetto da considerare è l'effetto delle piante acquatiche sull'equilibrio del pH. Le piante possono assorbire CO_2 dall'acqua durante il giorno e rilasciarlo durante la notte, influenzando così il pH dell'acqua. Mantenere un equilibrio tra piante e lumache può aiutare a stabilizzare il pH dell'acqua e creare un ambiente più sano per le lumache.

In conclusione, l'ottimizzazione del pH dell'acqua è una parte fondamentale della gestione dell'acquario per l'allevamento delle lumache. Monitorare attentamente il pH, regolarlo con l'uso di sostanze tampone e adottare pratiche di gestione appropriate sono passaggi essenziali per garantire un ambiente equilibrato e promuovere la crescita e il benessere delle lumache.

3. Gestione della temperatura: Mantenere condizioni ottimali per la vita acquatica

La gestione della temperatura dell'acqua è cruciale per assicurare il benessere e la vitalità delle lumache, in quanto queste creature sono estremamente sensibili alle variazioni di temperatura. Mantenere condizioni ottimali per la vita acquatica richiede un approccio attento e consapevole alla gestione termica dell'ambiente.

Il primo passo per garantire una temperatura appropriata è l'acquisto di un termometro affidabile per l'acquario. Questo strumento consentirà di monitorare costantemente la temperatura dell'acqua e di intervenire tempestivamente in caso di variazioni improvvise o indesiderate. È importante posizionare il termometro in una posizione ben visibile nell'acquario, in modo da poter leggere facilmente i dati e valutare se è necessario apportare correzioni.

Una temperatura dell'acqua stabile è fondamentale per il benessere delle lumache. Se l'acqua è troppo calda, le lumache potrebbero diventare stressate e mostrare segni di disagio, come un aumento della frequenza respiratoria o un comportamento anormale. Al contrario, se l'acqua è troppo fredda, le lumache potrebbero rallentare il loro metabolismo e diventare più vulnerabili a malattie e infezioni.

Per mantenere una temperatura costante e confortevole, è consigliabile utilizzare un riscaldatore per l'acquario. I riscaldatori sono disponibili in diverse potenze e dimensioni, quindi è importante scegliere quello più adatto alle dimensioni e alle esigenze specifiche del proprio acquario. È importante posizionare il riscaldatore in modo strategico all'interno dell'acquario per garantire una distribuzione uniforme del calore e evitare punti caldi o freddi.

Inoltre, è importante proteggere l'acquario da fonti di calore esterne, come la luce solare diretta o i radiatori, che potrebbero causare variazioni di temperatura improvvisi e dannosi per le lumache. Posizionare l'acquario in un luogo fresco e ben ventilato della casa può contribuire a mantenere una temperatura più stabile e controllata.

Infine, è importante effettuare regolari cambi d'acqua per rimuovere le impurità e mantenere una qualità dell'acqua ottimale. Durante i cambi d'acqua, assicurarsi di utilizzare acqua dechlorinata alla stessa temperatura dell'acqua dell'acquario per evitare shock termico alle lumache.

In conclusione, una corretta gestione della temperatura dell'acqua è essenziale per il successo dell'allevamento delle lumache. Monitorare costantemente la temperatura, utilizzare un riscaldatore adeguato e proteggere l'acquario da fonti di calore esterne sono passaggi cruciali per mantenere condizioni ottimali per la vita acquatica e favorire la salute e il benessere delle lumache.

4. Controllo dell'ossigeno: Assicurare un adeguato apporto per la salute degli organismi

Il controllo dell'ossigeno nell'acqua dell'acquario è cruciale per garantire un ambiente salutare e prospero per le lumache e gli altri organismi acquatici presenti. L'ossigeno è fondamentale per il metabolismo delle lumache e per la sopravvivenza di altri organismi acquatici, come i pesci e le piante acquatiche. Assicurare un adeguato apporto di ossigeno è quindi essenziale per la salute e il benessere dell'intero ecosistema acquatico.

Esistono diverse tecniche per mantenere livelli ottimali di ossigeno nell'acqua dell'acquario. Una delle metodiche più comuni è l'utilizzo di pompe d'aria e aeratori. Questi dispositivi agiscono creando bolle d'aria che si diffondono nell'acqua, aumentando così il contenuto di ossigeno disciolto. È importante posizionare correttamente la pompa d'aria per garantire una distribuzione uniforme dell'ossigeno in tutto l'acquario.

Inoltre, è consigliabile utilizzare filtri d'acqua efficienti e di buona qualità. I filtri possono contribuire a mantenere l'acqua pulita e ossigenata, eliminando le impurità e promuovendo la circolazione dell'acqua. Una buona circolazione dell'acqua è fondamentale per garantire una distribuzione uniforme dell'ossigeno e prevenire la formazione di zone morte nell'acquario, dove il livello di ossigeno potrebbe essere insufficiente.

Le piante acquatiche svolgono un ruolo importante nella produzione di ossigeno attraverso il processo di fotosintesi. Introdurre piante acquatiche vive nell'acquario non solo contribuirà a migliorare la qualità dell'acqua, ma anche a aumentare i livelli di ossigeno disponibili per le lumache e gli altri organismi acquatici. Tuttavia, è importante mantenere un equilibrio tra la quantità di piante e la dimensione dell'acquario, in modo da evitare sovraffollamenti e accumuli di alghe.

Durante i periodi di caldo intenso o durante le ondate di calore estive, potrebbe essere necessario aumentare l'apporto di ossigeno nell'acquario per compensare la diminuzione dei livelli di ossigeno dovuta alla maggiore temperatura dell'acqua. In tali casi, è consigliabile aumentare la circolazione dell'acqua e utilizzare pompe d'aria supplementari per garantire una sufficiente ossigenazione.

Infine, è importante monitorare regolarmente i livelli di ossigeno nell'acquario utilizzando test specifici o strumenti di monitoraggio dell'acqua. Questo consentirà di identificare tempestivamente eventuali problemi legati alla carenza di ossigeno e di adottare le misure correttive necessarie per garantire la salute degli organismi acquatici.

In conclusione, il controllo dell'ossigeno nell'acqua dell'acquario è fondamentale per la salute e il benessere delle lumache e degli altri organismi acquatici. Utilizzando pompe d'aria, filtri d'acqua efficienti, piante acquatiche e monitoraggio regolare, è possibile assicurare un adeguato apporto di ossigeno e creare un ambiente ottimale per la crescita e lo sviluppo di tutte le creature acquatiche presenti nell'acquario.

5. Monitoraggio dei contaminanti: Rilevamento e mitigazione delle sostanze nocive

Il monitoraggio dei contaminanti nell'acqua dell'acquario è una pratica essenziale per garantire un ambiente sano e sicuro per le lumache e gli altri organismi acquatici. I contaminanti possono provenire da varie fonti, tra cui inquinamento ambientale, alimentazione e materiali dell'acquario stesso. È importante rilevare e mitigare questi contaminanti per prevenire danni alla salute delle lumache e mantenere la qualità dell'acqua a livelli ottimali.

Una delle prime cose da fare è acquisire familiarità con i diversi tipi di contaminanti che possono essere presenti nell'acqua dell'acquario. Questi includono metalli pesanti, cloro, ammoniaca, nitriti, nitrati, pesticidi e altri prodotti chimici. Ognuno di questi contaminanti può avere effetti dannosi sulla salute delle lumache se presenti in quantità eccessive.

Il primo passo nel monitoraggio dei contaminanti è l'uso di kit di test specifici per rilevare la presenza di sostanze nocive nell'acqua. Questi kit sono ampiamente disponibili presso negozi di animali e online e forniscono risultati rapidi e precisi sulle concentrazioni di vari contaminanti nell'acqua dell'acquario. È consigliabile effettuare regolarmente questi test per garantire una tempestiva individuazione di eventuali problemi di contaminazione.

Una volta identificati i contaminanti presenti nell'acqua, è importante adottare misure correttive per mitigare il loro impatto sulla salute delle lumache. Ci sono diverse strategie che possono essere utilizzate a tale scopo. Ad esempio, l'uso di agenti di decontaminazione dell'acqua, come il carbone attivo o il zeolite, può aiutare ad assorbire e rimuovere i contaminanti dall'acqua dell'acquario. Inoltre, l'aggiunta di condizionatori d'acqua può aiutare a neutralizzare sostanze come il cloro o l'ammoniaca.

Un'altra pratica importante è quella di mantenere l'acquario pulito e ben mantenuto. Rimuovere regolarmente detriti e materiale in decomposizione dall'acquario aiuta a prevenire la formazione di sostanze nocive come ammoniaca e nitriti. Inoltre, eseguire cambi d'acqua regolari aiuta a diluire eventuali contaminanti presenti nell'acqua dell'acquario.

Infine, è importante prestare attenzione alle fonti esterne di contaminazione, come il cibo per pesci di bassa qualità o l'uso di pesticidi vicino all'acquario. Assicurarsi di utilizzare cibo di alta qualità e evitare l'uso di prodotti chimici nocivi nelle vicinanze dell'acquario può contribuire a ridurre il rischio di contaminazione.

In conclusione, il monitoraggio dei contaminanti nell'acqua dell'acquario è fondamentale per garantire la salute e il benessere delle lumache e degli altri organismi acquatici. Utilizzando kit di test specifici, adottando misure correttive appropriate e mantenendo l'acquario pulito e ben mantenuto, è possibile creare un ambiente sicuro e salutare per le lumache e promuovere la loro crescita e prosperità.

6. Tecniche di filtraggio dell'acqua: Soluzioni per mantenere la pulizia e la chiarezza

Le tecniche di filtraggio dell'acqua svolgono un ruolo cruciale nella manutenzione di un ambiente acquatico sano e stabile per le lumache e gli altri organismi. Un sistema di filtraggio efficace è essenziale per rimuovere detriti, residui di cibo e altre sostanze in sospensione che possono rendere l'acqua torbida e inquinata. Esaminiamo le varie soluzioni disponibili per mantenere la pulizia e la chiarezza dell'acqua dell'acquario.

1. **Filtri a cascata:** Questi filtri sono tra i più comuni e facili da usare. Funzionano aspirando l'acqua attraverso un materiale filtrante, come spugne o ceramica, che cattura i detriti e le particelle sospese. L'acqua pulita viene poi rilasciata nell'acquario. I filtri a cascata sono versatili e possono essere adattati a una vasta gamma di dimensioni di serbatoio.

2. **Filtri a zaino:** Simili ai filtri a cascata, i filtri a zaino sono montati direttamente sul retro dell'acquario. Utilizzano cartucce filtranti che possono essere facilmente sostituite quando necessario. Questi filtri offrono una buona capacità di filtrazione e sono ideali per acquari di piccole e medie dimensioni.

3. **Filtri sottosabbia:** Questi filtri sono posizionati sotto il substrato dell'acquario e utilizzano un sistema di tubi per aspirare l'acqua attraverso il letto di sabbia o ghiaia. Questo tipo di filtro favorisce la crescita di batteri benefici nel substrato, che contribuiscono alla decomposizione dei rifiuti organici. I filtri sottosabbia sono particolarmente efficaci nei sistemi ad alta biocarica.

4. **Filtri a torretta:** Questi filtri sono costituiti da colonne verticali riempite con materiali filtranti come carbone attivo, zeolite o ceramica porosa. L'acqua viene pompata attraverso le torri, dove viene purificata e liberata nell'acquario. I filtri a torretta sono adatti per l'eliminazione di contaminanti specifici, come ammoniaca o nitrati.

5. **Filtri UV:** I filtri UV utilizzano lampade ultraviolette per eliminare alghe, batteri e altri organismi nocivi presenti nell'acqua. Questi filtri sono particolarmente utili per prevenire la proliferazione di alghe e malattie batteriche nell'acquario.

6. **Filtrazione biologica:** Oltre alla filtrazione meccanica, è importante anche la filtrazione biologica, che coinvolge batteri benefici che metabolizzano i rifiuti organici in composti meno nocivi. Questi batteri colonizzano il materiale filtrante e contribuiscono a mantenere stabili i livelli di ammoniaca e nitriti nell'acquario.

Utilizzando una combinazione di queste tecniche di filtraggio dell'acqua, è possibile creare un ambiente pulito, chiaro e sicuro per le lumache e gli altri abitanti dell'acquario. È importante scegliere il sistema di filtraggio più adatto alle dimensioni e alle esigenze specifiche del proprio acquario, e mantenere regolarmente il sistema per garantire prestazioni ottimali.

XIV. Monitoraggio della salute e del benessere delle lumache

1. Indicatori di salute delle lumache: Cosa cercare per valutarne il benessere

Per garantire il benessere ottimale delle lumache, è essenziale essere in grado di riconoscere e interpretare correttamente gli indicatori di salute. Questi piccoli molluschi possono comunicare molto attraverso il loro comportamento, l'aspetto del loro guscio e altri segni fisici. Monitorare attentamente questi indicatori è cruciale per intervenire tempestivamente in caso di problemi e garantire una vita sana e felice per le lumache. Ecco alcuni dei principali indicatori di salute da tenere d'occhio.

Innanzitutto, è importante osservare il comportamento delle lumache. Le lumache sane dovrebbero essere attive e mobili, muovendosi liberamente nell'ambiente circostante. Se una lumaca appare letargica o sembra trascorrere gran parte del tempo immobile, potrebbe essere un segno di disagio o malattia. Prestare attenzione anche alla frequenza e alla regolarità dei movimenti: cambiamenti improvvisi nel comportamento, come un aumento o una diminuzione dell'attività, potrebbero indicare problemi di salute.

Oltre al comportamento, l'aspetto fisico delle lumache è un altro indicatore importante da considerare. Esaminare il guscio per eventuali segni di danni, anomalie o cambiamenti nella sua struttura. Un guscio sano dovrebbe essere liscio, privo di crepe, rigature o macchie. La presenza di crepe o buchi nel guscio potrebbe indicare carenze nutrizionali, lesioni o stress ambientale. Inoltre, osservare il colore e la consistenza della carne della lumaca può fornire ulteriori informazioni sulla sua salute complessiva. Una carne opaca o traslucida potrebbe indicare problemi di nutrizione o disidratazione, mentre una carne sana dovrebbe essere di colore brillante e consistente.

Anche il regime alimentare e l'ambiente di vita delle lumache giocano un ruolo fondamentale nel mantenere la loro salute. Assicurarsi che le lumache abbiano accesso a una dieta bilanciata e nutriente è essenziale per il loro benessere generale. Inoltre, mantenere l'ambiente dell'habitat pulito e ben mantenuto aiuta a prevenire malattie e problemi legati alla qualità dell'acqua. Un controllo regolare dei parametri dell'acqua, come il pH, la temperatura e la concentrazione di ammoniaca e nitrati, è cruciale per garantire un ambiente ottimale per le lumache.

In conclusione, essere in grado di identificare e comprendere gli indicatori di salute delle lumache è fondamentale per prendersi cura di questi adorabili molluschi. Osservare attentamente il loro comportamento, esaminare il loro aspetto fisico e fornire loro un ambiente e una dieta adeguati sono passaggi essenziali per garantire che le lumache siano felici e sane. Prestare attenzione a questi segni e intervenire prontamente in caso di problemi può fare la differenza tra una vita lunga e prospera e problemi di salute potenzialmente gravi per le lumache.

2. Nutrizione ottimale per lumache: Fondamenti per una buona salute

La nutrizione è un aspetto vitale della salute delle lumache e un regime alimentare adeguato è essenziale per garantire il loro benessere ottimale. Le lumache sono erbivori e si nutrono principalmente di una vasta gamma di piante, verdure, frutta e altre fonti vegetali. Offrire loro una dieta variegata e bilanciata è fondamentale per fornire loro tutti i nutrienti di cui hanno bisogno per crescere e mantenersi in salute.

Le lumache commestibili possono essere alimentate con una serie di alimenti freschi e nutrienti, tra cui foglie di lattuga, spinaci, carote, zucchine, cavoli, broccoli e molti altri. È importante fornire loro una varietà di opzioni alimentari per garantire che ricevano una gamma completa di nutrienti essenziali, come vitamine, minerali e fibre. Inoltre, è consigliabile variare la loro dieta regolarmente per evitare carenze nutrizionali e garantire un benessere ottimale.

Oltre agli alimenti freschi, è possibile integrare la dieta delle lumache con alimenti secchi appositamente formulati per loro. Questi alimenti commerciali possono essere una fonte conveniente di nutrienti essenziali e possono essere utilizzati come parte di una dieta bilanciata. Tuttavia, è importante non fare affidamento esclusivamente su alimenti secchi e assicurarsi che le lumache ricevano anche una quantità adeguata di alimenti freschi per mantenere la loro salute e vitalità.

Quando si tratta di nutrire le lumache, è importante anche prestare attenzione alla quantità di cibo fornita e alla frequenza di alimentazione. Troppo cibo può portare a un accumulo di rifiuti nell'habitat delle lumache e causare problemi di qualità dell'acqua, mentre troppo poco cibo può portare a carenze nutrizionali e problemi di salute. È consigliabile nutrire le lumache una o due volte al giorno, fornendo loro una quantità di cibo che consumano completamente entro poche ore.

Infine, è fondamentale fornire alle lumache un'abbondante quantità di acqua fresca e pulita per mantenere la loro idratazione e favorire la digestione. Assicurarsi che abbiano sempre accesso a una fonte d'acqua adeguata è cruciale per la loro salute complessiva.

In conclusione, una corretta nutrizione è essenziale per garantire la salute e il benessere ottimale delle lumache. Offrire loro una dieta variegata e bilanciata, integrata da alimenti freschi e secchi, insieme a una quantità adeguata di acqua, è fondamentale per mantenerle in salute e felici. Prestare attenzione alla quantità e alla frequenza di alimentazione è altrettanto importante per garantire una corretta alimentazione.

3. Gestione dello stress nelle lumache: Strategie per garantire il benessere

La gestione dello stress nelle lumache è un aspetto cruciale per garantire il loro benessere complessivo. Anche se possono sembrare creature tranquille, le lumache possono sperimentare stress a causa di una serie di fattori ambientali e di gestione. È importante riconoscere i segni di stress nelle lumache e adottare misure appropriate per ridurne l'impatto e promuovere un ambiente che favorisca la tranquillità e il benessere.

Uno dei principali fattori di stress per le lumache è rappresentato dalle fluttuazioni eccessive di temperatura nell'ambiente. Le lumache sono sensibili agli sbalzi di temperatura eccessivi, che possono causare stress termico e influire negativamente sul loro metabolismo e sulle loro funzioni vitali. Per ridurre lo stress legato alla temperatura, è importante mantenere l'ambiente delle lumache stabile e controllato, evitando variazioni brusche di temperatura e fornendo adeguata ventilazione e isolamento termico, se necessario.

Un altro fattore di stress comune per le lumache è rappresentato dall'esposizione a livelli eccessivi di umidità o secchezza. Le lumache hanno bisogno di un ambiente umido per sopravvivere e prosperare, ma un'eccessiva umidità può favorire la proliferazione di muffe e batteri nocivi, mentre una bassa umidità può portare a disidratazione e stress. Per gestire efficacemente lo stress legato all'umidità, è consigliabile monitorare regolarmente i livelli di umidità nell'habitat delle lumache e regolare di conseguenza l'ambiente per mantenere un'umidità ottimale.

Inoltre, le lumache possono sperimentare stress a causa di disturbi nell'ambiente circostante, come rumori forti, vibrazioni o frequenti disturbi fisici. È importante posizionare l'habitat delle lumache in un luogo tranquillo e protetto da fonti di disturbo esterne, come apparecchiature rumorose o passaggi frequentati. Inoltre, manipolare con cura l'habitat delle lumache e evitare movimenti bruschi o improvvisi può contribuire a ridurre lo stress derivante da disturbi fisici.

Infine, la sovraffollamento può essere un altro fattore di stress significativo per le lumache. Una densità eccessiva di lumache in un habitat limitato può portare a una competizione eccessiva per risorse come cibo, spazio e ripari, causando stress e conflitti tra gli individui. Per prevenire il sovraffollamento e ridurre lo stress associato, è consigliabile mantenere un numero appropriato di lumache in base alle dimensioni dell'habitat e fornire ampi spazi e risorse per ogni individuo.

In conclusione, la gestione dello stress nelle lumache è fondamentale per garantire il loro benessere complessivo e la loro longevità. Riconoscere i fattori di stress e adottare misure appropriate per ridurne l'impatto è essenziale per creare un ambiente che favorisca la salute e la felicità delle lumache. Prestare attenzione ai segni di stress e apportare le modifiche necessarie all'ambiente può fare la differenza nella vita e nella vitalità delle lumache.

4. Riconoscere e trattare le malattie comuni delle lumache

Il riconoscimento e il trattamento delle malattie comuni delle lumache sono fondamentali per garantire la loro salute e il loro benessere. Anche se le lumache sono generalmente resistenti e robuste, possono essere soggette a una serie di malattie e disturbi che possono compromettere la loro salute e la loro qualità di vita. È importante essere consapevoli dei segni e dei sintomi delle malattie più comuni e sapere come trattarle in modo tempestivo ed efficace.

Una delle malattie più diffuse tra le lumache è la micosi cutanea, causata da funghi patogeni che possono proliferare in ambienti umidi e poco ventilati. I segni tipici della micosi cutanea includono macchie biancastre o grigiastre sulla conchiglia o sulla pelle delle lumache, accompagnate da cambiamenti comportamentali come la riduzione dell'appetito e l'attività motoria ridotta. Per trattare la micosi cutanea, è consigliabile isolare le lumache affette in un ambiente pulito e secco, e applicare un trattamento antimicotico specifico secondo le indicazioni del veterinario o di un esperto.

Un'altra malattia comune delle lumache è la infezione batterica, che può manifestarsi con sintomi come secrezioni mucose anomale, letargia, perdita di appetito e conchiglie danneggiate. La causa principale delle infezioni batteriche è spesso una scarsa igiene o un ambiente contaminato. Per trattare le infezioni batteriche, è importante mantenere un ambiente pulito e igienico per le lumache, rimuovendo eventuali residui di cibo o materiale organico in decomposizione e fornendo un'adeguata ventilazione e igiene.

Inoltre, le lumache possono essere soggette a parassiti interni ed esterni, come vermi intestinali, acari e pidocchi, che possono compromettere la loro salute e il loro benessere. I segni di infestazione da parassiti includono perdita di peso, pelle irritata, opacità della conchiglia e comportamento anomalo. Per trattare le infestazioni parassitarie, è consigliabile consultare un veterinario o un esperto per determinare il trattamento più appropriato, che può includere l'uso di antiparassitari specifici o l'aggiustamento delle condizioni ambientali per ridurre il rischio di reinfezione.

Infine, le lumache possono essere vulnerabili a malattie metaboliche o carenze nutrizionali, che possono derivare da una dieta sbilanciata o da condizioni ambientali inadeguate. I sintomi di queste malattie possono variare notevolmente a seconda della causa sottostante, ma possono includere letargia, perdita di appetito, conchiglie deformate e mancanza di crescita. Per trattare le malattie metaboliche o le carenze nutrizionali, è importante fornire una dieta equilibrata e ricca di nutrienti, e correggere eventuali carenze o squilibri attraverso l'aggiunta di integratori vitaminici o minerali, secondo le indicazioni di un esperto.

In conclusione, il riconoscimento e il trattamento tempestivo delle malattie comuni delle lumache sono cruciali per garantire il loro benessere e la loro longevità. Monitorare attentamente la salute delle lumache e intervenire prontamente in caso di segni di malattia può fare la differenza nella loro sopravvivenza e nella loro qualità di vita complessiva. Prestare attenzione ai sintomi e alle cause sottostanti delle malattie delle lumache può aiutare a prevenire e gestire efficacemente le malattie, assicurando una vita felice e sana per questi affascinanti animali.

5. Tecniche di controllo dei parassiti nelle lumache: Mantenere la salute del guscio

Il controllo dei parassiti nelle lumache è essenziale per mantenere la salute del guscio e il benessere complessivo degli animali. I parassiti esterni, come gli acari e i pidocchi, possono causare danni diretti al guscio delle lumache, compromettendone la struttura e la resistenza. Inoltre, i parassiti interni, come i vermi intestinali, possono influenzare negativamente la salute generale delle lumache, causando problemi digestivi e riducendo l'assorbimento dei nutrienti.

Per controllare i parassiti esterni, è importante mantenere un ambiente pulito e igienico per le lumache. Questo può includere la pulizia regolare del substrato e la rimozione di qualsiasi materiale organico in decomposizione che potrebbe fungere da terreno fertile per gli acari e altri parassiti. Inoltre, l'uso di rimedi naturali come l'olio di neem o l'aceto diluito può essere efficace nel respingere gli acari e mantenere il guscio delle lumache libero da parassiti esterni.

Per quanto riguarda i parassiti interni, è importante prestare attenzione alla dieta e alle condizioni ambientali delle lumache. Una dieta equilibrata e ricca di fibre può aiutare a prevenire l'infestazione da vermi intestinali, mentre un ambiente pulito e ben ventilato può ridurre il rischio di infezione da parassiti interni. In caso di infestazione, è consigliabile consultare un veterinario o un esperto per determinare il trattamento più appropriato, che potrebbe includere l'uso di antiparassitari specifici o cambiamenti nella gestione dell'allevamento.

Inoltre, è importante considerare l'uso di pratiche di prevenzione per ridurre il rischio di infestazioni parassitarie. Questo può includere la quarantena e il monitoraggio regolare di nuovi individui introdotti nell'allevamento, nonché la pulizia e la disinfezione periodica degli attrezzi e delle attrezzature utilizzate per la cura delle lumache. Mantenere un'igiene rigorosa e adottare pratiche di gestione consapevole può contribuire in modo significativo a mantenere la salute del guscio e il benessere generale delle lumache.

In conclusione, il controllo dei parassiti nelle lumache è un aspetto fondamentale della cura e della gestione di questi animali. Prevenire e gestire efficacemente le infestazioni parassitarie può contribuire a garantire la salute del guscio e il benessere generale delle lumache, consentendo loro di vivere una vita felice e sana. Prestare attenzione alla pulizia, alla dieta e alle condizioni ambientali può aiutare a mantenere sotto controllo i parassiti e a garantire una vita lunga e prospera per le lumache.

6. Monitoraggio dei parametri dell'acqua per la salute delle lumache acquatiche

Il monitoraggio dei parametri dell'acqua è cruciale per garantire la salute e il benessere delle lumache acquatiche nell'ambiente in cui vivono. Ci sono diversi parametri chiave che devono essere attentamente monitorati e regolati per creare un ambiente ottimale per le lumache acquatiche, promuovendo una crescita sana e riducendo il rischio di malattie e stress.

Uno dei parametri più importanti da monitorare è il livello di pH dell'acqua. Il pH misura l'acidità o la basicità dell'acqua e può influenzare significativamente la salute delle lumache. Valori di pH troppo alti o troppo bassi possono causare stress alle lumache, compromettendo il loro sistema immunitario e aumentando il rischio di malattie. È importante mantenere il pH dell'acqua entro un intervallo ottimale, generalmente compreso tra 7 e 8, per garantire un ambiente stabile e favorevole alla crescita delle lumache.

Oltre al pH, è essenziale monitorare anche la temperatura dell'acqua. Le lumache acquatiche sono sensibili alle variazioni di temperatura e possono subire stress se l'acqua è troppo calda o troppo fredda. La temperatura ottimale per la maggior parte delle specie di lumache acquatiche si aggira intorno ai 20-25°C, ma è importante consultare le specifiche della specie che si sta allevando. L'uso di termometri sommersi nell'acquario è un modo efficace per monitorare costantemente la temperatura dell'acqua e regolarla di conseguenza.

Un altro parametro chiave da monitorare è la durezza dell'acqua, che si riferisce alla concentrazione di minerali disciolti nell'acqua. Le lumache acquatiche hanno esigenze specifiche di durezza dell'acqua a seconda della specie, quindi è importante assicurarsi che la durezza dell'acqua sia adeguata alle esigenze delle lumache che si stanno allevando. In generale, la durezza dell'acqua per le lumache acquatiche dovrebbe essere moderata, né troppo dura né troppo morbida, per favorire una crescita sana e un guscio forte.

Infine, è fondamentale monitorare regolarmente altri parametri dell'acqua, come l'ammoniaca, il nitrito e il nitrato. Livelli elevati di queste sostanze possono essere tossici per le lumache e possono causare gravi problemi di salute, tra cui danni ai polmoni e al guscio, malattie e persino la morte. Utilizzare kit di test dell'acqua per misurare regolarmente questi parametri e adottare misure correttive se necessario, come cambi parziali dell'acqua o l'aggiunta di condizionatori specifici.

In conclusione, il monitoraggio regolare dei parametri dell'acqua è essenziale per mantenere la salute e il benessere delle lumache acquatiche. Tenere sotto controllo il pH, la temperatura, la durezza dell'acqua e altri parametri chiave può aiutare a creare un ambiente ottimale per le lumache, promuovendo una crescita sana e prevenendo problemi di salute. Prestare attenzione ai dettagli e intervenire prontamente in caso di deviazioni dai valori ottimali può contribuire significativamente a garantire una vita lunga e felice per le lumache acquatiche.

7. Pronto intervento: I passaggi da seguire in caso di emergenza sanitaria per le lumache

Quando si allevano lumache, è fondamentale essere preparati per affrontare eventuali emergenze sanitarie che potrebbero sorgere. Anche se si prendono tutte le precauzioni necessarie per mantenere un ambiente sano per le lumache, possono verificarsi situazioni impreviste che richiedono un intervento immediato. Ecco alcuni passaggi da seguire in caso di emergenza sanitaria per le lumache:

1. **Osservare attentamente:** La prima cosa da fare in caso di emergenza è osservare attentamente le lumache per individuare eventuali segni di stress, malattia o lesioni. Questo può includere cambiamenti comportamentali, perdita di appetito, secrezioni anomale, danni al guscio o movimento limitato.

2. **Isolare l'individuo malato:** Se si rileva una lumaca che mostra segni evidenti di malattia o stress, è importante isolare immediatamente l'individuo per prevenire la diffusione dell'infezione ad altri esemplari nell'acquario o nell'habitat.

3. **Identificare la causa:** Una volta isolata la lumaca malata, è essenziale identificare la causa sottostante del problema. Questo potrebbe essere dovuto a condizioni dell'acqua non ottimali, parassiti, infezioni batteriche o lesioni fisiche.
4. **Intervenire tempestivamente:** A seconda della natura dell'emergenza, potrebbero essere necessari diversi interventi. Ad esempio, se il problema è causato da parametri dell'acqua sbilanciati, potrebbe essere necessario eseguire un cambio parziale dell'acqua o aggiungere condizionatori specifici. Se si sospetta la presenza di parassiti o infezioni batteriche, potrebbe essere necessario trattare l'acquario con farmaci specifici per lumache.
5. **Consultare un esperto:** In alcuni casi, potrebbe essere necessario consultare un veterinario specializzato in animali esotici o un esperto in lumache per ottenere consulenza e assistenza aggiuntive. Questo è particolarmente importante se l'emergenza non può essere risolta con le misure standard di pronto intervento.
6. **Monitoraggio continuo:** Dopo aver adottato misure correttive, è importante monitorare attentamente la lumaca malata e l'ambiente circostante per garantire che il problema sia risolto e che la situazione migliori nel tempo. Continuare a osservare le lumache per garantire che non si verifichino ricadute e che l'ambiente rimanga ottimale per la loro salute e il loro benessere.
7. **Prevenzione futura:** Una volta superata l'emergenza, è importante prendere misure preventive per ridurre al minimo il rischio di futuri problemi di salute. Ciò può includere un controllo regolare dei parametri dell'acqua, una corretta alimentazione, una pulizia regolare dell'acquario e la quarantena di nuove lumache prima di introdurle nell'ambiente principale.

Seguendo questi passaggi e rimanendo vigili, è possibile gestire con successo le emergenze sanitarie e garantire una vita sana e felice per le lumache nell'ambiente domestico.

XV. Raccolta e conservazione delle lumache selvatiche

1. Selezione delle Lumache: Identificare le Specie Adatte alla Raccolta

Quando si intraprende la raccolta delle lumache per fini alimentari o commerciali, è fondamentale iniziare con la selezione delle specie più adatte al proprio scopo. Le lumache sono presenti in un'ampia varietà di habitat e climi in tutto il mondo, e la scelta della specie giusta dipende da diversi fattori, tra cui il clima locale, le preferenze alimentari, la velocità di crescita e la compatibilità con l'ambiente circostante.

Prima di tutto, è essenziale comprendere le caratteristiche specifiche delle diverse specie di lumache. Alcune specie, come la Helix aspersa (lumaca di terra), sono adatte alla coltivazione in ambienti terrestri, mentre altre, come la Achatina fulica (lumaca gigante africana), preferiscono habitat più umidi e sono ideali per la coltivazione acquatica o semi-acquatica.

Una volta identificate le specie disponibili nella propria area geografica, è importante valutare le loro esigenze e requisiti. Ad esempio, le lumache di terra prosperano in terreni ricchi di humus e ben drenati, mentre le lumache d'acqua dolce richiedono un ambiente acquatico con una buona circolazione d'acqua e vegetazione abbondante.

Inoltre, è essenziale considerare il ciclo di vita e la capacità riproduttiva delle diverse specie. Alcune lumache crescono rapidamente e hanno un elevato tasso di riproduzione, rendendole ideali per la produzione su larga scala, mentre altre richiedono cure più attente e possono essere più adatte per coltivazioni più piccole o per uso domestico.

Infine, è consigliabile consultare esperti locali o agronomi specializzati nella coltivazione delle lumache per ottenere consigli specifici sulla selezione delle specie e sulle pratiche di gestione ottimali per il proprio contesto. Con una scelta oculata delle specie e una pianificazione attenta, è possibile avviare con successo un'attività di raccolta delle lumache che sia sia redditizia che sostenibile a lungo termine.

2. Strumenti e Attrezzature: Equipaggiamento Essenziale per la Raccolta

Quando ci si prepara per la raccolta delle lumache, è fondamentale disporre del giusto equipaggiamento per garantire un'attività efficiente e sicura. Ecco alcuni strumenti e attrezzature essenziali da considerare prima di avventurarsi nella raccolta:

1. **Cestini o Contenitori:** Per raccogliere le lumache raccolte, è necessario avere a disposizione cestini o contenitori adeguati. Questi dovrebbero essere abbastanza spaziosi da consentire alle lumache di muoversi liberamente senza danneggiarle durante il trasporto.
2. **Guanti Protettivi:** Essendo creature delicate, le lumache possono facilmente subire danni se maneggiate in modo non corretto. Indossare guanti protettivi durante la raccolta può aiutare a proteggere le mani dagli urti accidentali e dalle secrezioni mucose delle lumache.

3. **Pinzette o Forchette:** Strumenti come pinzette o forchette possono essere utili per raccogliere le lumache da terreni accidentati o difficile accesso senza danneggiarle.
4. **Lampada Frontale o Torcia:** Se si prevede di raccogliere lumache di notte o in condizioni di scarsa illuminazione, una lampada frontale o una torcia può essere indispensabile per individuarle e raccoglierle in modo efficiente.
5. **Secchielli per l'Acqua:** Se si prevede di conservare temporaneamente le lumache prima del trasporto o dell'uso, è consigliabile avere a disposizione secchielli contenenti acqua fresca per mantenerle idratate e in buona salute.
6. **Rastrelli o Forchette a Mano:** Per individuare le lumache nascoste sotto foglie o detriti, strumenti come rastrelli o forchette a mano possono essere utili per sollevarli delicatamente senza danneggiare gli esemplari.
7. **Scatole di Trasporto o Contenitori Aerati:** Per il trasporto delle lumache raccolte verso la destinazione finale, è consigliabile utilizzare scatole di trasporto o contenitori appositamente progettati, dotati di adeguata aerazione per garantire un flusso d'aria sufficiente.
8. **Maschera Antipolvere:** In alcune aree, soprattutto in ambienti secchi e polverosi, può essere necessario indossare una maschera antipolvere per proteggere le vie respiratorie durante la raccolta.
9. **Mappa o GPS:** Se ci si avventura in nuovi territori alla ricerca di lumache, è utile avere con sé una mappa o un dispositivo GPS per orientarsi e registrare i luoghi di raccolta promettenti.

10. **Kit di Primo Soccorso:** Anche se la raccolta delle lumache può sembrare un'attività tranquilla, è sempre consigliabile avere con sé un kit di primo soccorso per affrontare eventuali piccoli incidenti o lesioni durante l'escursione.

Equipaggiarsi con questi strumenti e attrezzature essenziali può migliorare notevolmente l'efficienza e la sicurezza durante la raccolta delle lumache, consentendo di godere appieno di questa attività entusiasmante e gratificante.

3. Tecniche di Raccolta: Approcci Efficaci e Rispettosi

Quando ci si avventura nella raccolta delle lumache, è essenziale adottare tecniche che siano efficaci nel catturare gli esemplari desiderati senza danneggiare l'ambiente circostante né compromettere il benessere degli animali stessi. Ecco alcuni approcci efficaci e rispettosi da considerare durante la raccolta:

1. **Osservazione Attenta:** Prima di iniziare la raccolta, prendersi del tempo per osservare attentamente l'ambiente circostante. Le lumache tendono a preferire aree umide e ombreggiate, come boschi, giardini o terreni vicino a fonti d'acqua. Osservare attentamente il terreno e gli elementi naturali può aiutare a individuare i luoghi più promettenti per la raccolta.
2. **Movimenti Lenti e Delicati:** Durante la raccolta, è importante muoversi lentamente e con delicatezza per evitare di spaventare le lumache o danneggiare i loro gusci delicati. Muoversi con calma e con gesti delicati può contribuire a ridurre lo stress degli animali e migliorare le possibilità di catturarli con successo.

3. **Sollevamento Cauteloso di Oggetti:** Molte lumache si nascondono sotto rocce, tronchi caduti, foglie o detriti. Quando si sollevano questi oggetti per cercare lumache, è importante farlo con cautela per evitare di schiacciare gli esemplari che si trovano al di sotto. Sollevare delicatamente gli oggetti e controllare con attenzione può aiutare a individuare e raccogliere le lumache senza danneggiarle.
4. **Utilizzo di Barriere Protettive:** In alcune situazioni, specialmente se si sta raccogliendo lumache in un giardino o in un'area specifica, è possibile utilizzare barriere protettive come reti o bordi per guidare le lumache verso aree predeterminate. Questo approccio può facilitare la raccolta e ridurre il rischio di danneggiare gli esemplari durante il processo.
5. **Rispetto per l'Ambiente:** Durante la raccolta delle lumache, è fondamentale rispettare e preservare l'ambiente circostante. Evitare di danneggiare la vegetazione, disturbare gli animali selvatici o lasciare rifiuti può contribuire a mantenere l'ecosistema in buona salute e garantire che le lumache possano continuare a prosperare nel loro habitat naturale.
6. **Limitare la Raccolta:** Infine, è importante limitare la quantità di lumache raccolte a quella necessaria per evitare di esaurire le popolazioni locali o di influenzare negativamente l'equilibrio ecologico dell'area. Praticare la raccolta sostenibile può aiutare a garantire che le lumache possano continuare a esistere in modo armonioso nel loro ambiente naturale.

Adottare queste tecniche durante la raccolta delle lumache può contribuire a rendere l'esperienza più efficace ed eticamente responsabile, consentendo ai collezionisti di godere appieno della bellezza e della diversità di questi affascinanti molluschi.

4. Gestione dei Raccolti: Consigli per una Conservazione Ottimale

Una volta raccolte le lumache, è essenziale gestire i raccolti in modo adeguato per garantire una conservazione ottimale e mantenere la loro freschezza e vitalità. Ecco alcuni consigli pratici per gestire i raccolti di lumache:

1. **Separazione delle Specie:** Se si raccolgono più specie di lumache contemporaneamente, è importante separarle in base alla specie. Alcune specie possono richiedere condizioni ambientali diverse o avere esigenze alimentari specifiche, quindi mantenere le diverse specie separate può aiutare a garantire il loro benessere.
2. **Controllo della Temperatura:** Le lumache sono sensibili alla temperatura, quindi è importante conservarle a temperature ottimali per la loro sopravvivenza. In generale, le lumache preferiscono temperature fresche e umide, quindi conservarle in un ambiente fresco e ben ventilato può contribuire a mantenerle in salute.
3. **Umidità Adeguata:** Oltre alla temperatura, è fondamentale garantire un livello ottimale di umidità per le lumache. Un ambiente troppo secco può causare disidratazione e stress agli animali, mentre un'eccessiva umidità può favorire la formazione di muffe e batteri dannosi. Utilizzare substrati umidi e coprire i contenitori con coperchi perforati può aiutare a mantenere un livello adeguato di umidità.

4. **Alimentazione e Nutrizione:** Durante la conservazione, è importante fornire alle lumache un'alimentazione adeguata per garantire il loro benessere e la loro vitalità. Offrire loro una dieta varia e bilanciata, composta principalmente da verdure fresche e foglie verdi, può contribuire a mantenerle in salute e fornire loro i nutrienti di cui hanno bisogno per sopravvivere.
5. **Pulizia Regolare:** Mantenere puliti i contenitori e gli habitat delle lumache è essenziale per prevenire la formazione di muffe, batteri e parassiti nocivi. Pulire regolarmente i contenitori, rimuovere i rifiuti e sostituire il substrato sporco può contribuire a garantire un ambiente pulito e salutare per le lumache.
6. **Isolamento dei Malati:** Se una lumaca mostra segni di malattia o malessere, è importante isolare immediatamente l'individuo malato dagli altri per prevenire la diffusione dell'infezione. Monitorare attentamente lo stato di salute delle lumache e intervenire prontamente in caso di segni di malattia può aiutare a mantenere l'intero raccolto in buona salute.
7. **Controllo dei Parassiti:** Durante la conservazione, è importante controllare regolarmente i raccolti per individuare eventuali segni di parassiti o infestazioni. Utilizzare metodi di controllo naturali o trattamenti appropriati per eliminare i parassiti e proteggere le lumache dalla dannosa presenza di organismi nocivi.

Seguendo questi consigli per la gestione dei raccolti, è possibile garantire una conservazione ottimale delle lumache, mantenendo la loro salute e vitalità nel tempo.

5. Preparazione degli Habitat: Creare Spazi Sicuri per le Lumache Raccolte

Dopo aver raccolto le lumache, è cruciale preparare gli habitat in modo da fornire loro uno spazio sicuro e confortevole in cui vivere. Ecco alcuni passaggi pratici per preparare gli habitat delle lumache raccolte:

1. **Selezione dei Contenitori Adeguati:** Scegliere contenitori adatti alle dimensioni e al numero di lumache raccolte. I contenitori possono essere scatole di plastica, terrari o vasche di vetro, purché siano sufficientemente grandi da consentire alle lumache di muoversi liberamente e fornire un adeguato spazio vitale.

2. **Preparazione del Substrato:** Preparare un substrato adatto per le lumache, che fornisca un ambiente confortevole e sicuro. Un substrato comune può essere composto da terriccio misto a torba e foglie decomposte, che fornisce un buon equilibrio tra drenaggio e trattenimento dell'umidità.

3. **Fornitura di Rifugi e Nascondigli:** Aggiungere rifugi e nascondigli all'habitat per fornire alle lumache luoghi sicuri in cui nascondersi e riposarsi. Questi possono essere costituiti da pezzi di legno, cortecce, foglie secche o piccoli rifugi artificiali come tubi di PVC tagliati a metà.

4. **Controllo della Temperatura e dell'Umidità:** Assicurarsi che la temperatura e l'umidità dell'habitat siano mantenute ai livelli ottimali per le lumache. Utilizzare termometri e igrometri per monitorare regolarmente queste condizioni e regolare l'ambiente di conseguenza. In generale, le lumache preferiscono temperature moderate e un'umidità elevata.

5. **Fornitura di Alimenti e Acqua:** Assicurarsi che le lumache abbiano sempre accesso a cibo fresco e acqua pulita. Offrire loro una varietà di alimenti vegetali freschi, come foglie di lattuga, carote, zucchine e cetrioli, e fornire una piccola ciotola d'acqua non profonda per l'idratazione.
6. **Evitare Sostanze Nocive:** Assicurarsi che gli habitat siano privi di sostanze nocive o tossiche che potrebbero danneggiare le lumache. Evitare l'uso di prodotti chimici, pesticidi o fertilizzanti nelle vicinanze degli habitat delle lumache, poiché possono essere dannosi per la loro salute.
7. **Manutenzione Regolare:** Effettuare una manutenzione regolare degli habitat delle lumache, pulendo eventuali rifiuti o residui alimentari e sostituendo il substrato sporco regolarmente. Monitorare attentamente lo stato di salute delle lumache e intervenire prontamente in caso di segni di malattia o stress.

Seguendo questi passaggi per la preparazione degli habitat, è possibile creare spazi sicuri e confortevoli per le lumache raccolte, garantendo loro il benessere e la prosperità nel nuovo ambiente domestico.

6. Controllo dell'Ambiente: Monitorare i Parametri Cruciali per la Conservazione

Per garantire la salute e il benessere delle lumache raccolte, è essenziale monitorare attentamente i parametri cruciali dell'ambiente in cui vivono. Questo processo richiede la misurazione e il controllo di diversi fattori ambientali che influenzano direttamente la loro sopravvivenza e il loro stato di salute. Di seguito sono riportati alcuni parametri chiave da tenere sotto controllo:

1. **Temperatura:** La temperatura dell'ambiente è un fattore critico per le lumache, poiché influisce sul loro metabolismo, sulla crescita e sulla riproduzione. È importante mantenere una temperatura stabile e adeguata all'interno dell'habitat, evitando sbalzi improvvisi che potrebbero stressare gli animali.
2. **Umidità:** Le lumache necessitano di un ambiente umido per respirare e muoversi correttamente. È importante monitorare l'umidità dell'habitat e assicurarsi che sia mantenuta a livelli ottimali, evitando sia condizioni eccessivamente secche che troppo umide, che potrebbero favorire lo sviluppo di muffe e batteri dannosi.
3. **Qualità dell'aria:** La qualità dell'aria all'interno dell'habitat delle lumache deve essere controllata per garantire un'adeguata ventilazione e la riduzione del rischio di accumulo di gas nocivi, come ammoniaca e anidride carbonica. È importante fornire una buona circolazione dell'aria e evitare l'accumulo di rifiuti organici decomposti che potrebbero compromettere la qualità dell'aria.
4. **Luce:** Anche se le lumache preferiscono solitamente un ambiente buio e umido, è importante fornire una fonte di luce adeguata per regolare il loro ciclo di attività e riproduzione. La luce naturale o artificiale dovrebbe essere fornita con parsimonia per evitare stress eccessivo agli animali.
5. **Livello di pH:** Il livello di pH del substrato e dell'acqua dell'habitat deve essere monitorato regolarmente per garantire un ambiente adatto alle lumache. Valori di pH troppo alti o troppo bassi possono influenzare negativamente la loro salute e il loro benessere, pertanto è importante regolarli accuratamente mediante l'uso di misuratori di pH e l'aggiunta di sostanze correttive se necessario.

Monitorare attentamente questi parametri ambientali è fondamentale per assicurare che le lumache raccolte prosperino e mantengano una buona salute nel loro nuovo ambiente domestico. Prestare attenzione a questi fattori e apportare eventuali correzioni necessarie contribuirà a garantire il successo e la soddisfazione nell'allevamento delle lumache.

7. Alimentazione Adeguata: Fornire Nutrimento Durante la Conservazione

Durante la fase di conservazione delle lumache raccolte, è essenziale fornire loro un'alimentazione adeguata che soddisfi le loro esigenze nutrizionali e contribuisca al loro benessere complessivo. Le lumache sono animali erbivori che si nutrono principalmente di materiale vegetale, quindi è importante garantire un'ampia varietà di cibo per garantire un'alimentazione equilibrata. Ecco alcuni suggerimenti pratici per fornire nutrimento durante la conservazione:

1. **Fornire vegetali freschi:** Le lumache apprezzano una varietà di vegetali freschi come lattuga, spinaci, cavoli, zucchine, carote e cetrioli. È importante lavare accuratamente gli alimenti prima di offrirli alle lumache per rimuovere eventuali residui di pesticidi o fertilizzanti che potrebbero essere dannosi per gli animali.

2. **Offrire frutta matura:** La frutta matura come mele, pere, banane e fragole può essere offerta alle lumache come fonte di zuccheri naturali e vitamine. Tuttavia, è importante evitare di eccedere con la quantità di frutta data alle lumache, poiché un'eccessiva quantità di zuccheri può causare problemi di salute.

3. **Integrare alimenti proteici:** Oltre ai vegetali e alla frutta, è utile integrare nella dieta delle lumache alimenti proteici come uova bollite, gamberetti essiccati o pesce in scatola senza sale aggiunto. Questi alimenti forniscono alle lumache importanti proteine e nutrienti essenziali per la crescita e la riproduzione.
4. **Fornire calcio:** Il calcio è essenziale per la formazione e il mantenimento del guscio delle lumache. È possibile fornire alle lumache fonti di calcio come gusci d'uovo triturati, farina di ostriche o preparati specifici per lumache che contengono calcio.
5. **Assicurare l'accesso a acqua fresca:** Le lumache necessitano di acqua per idratarsi e facilitare la digestione. Assicurarsi di fornire loro un'abbondante quantità di acqua fresca e pulita in una ciotola poco profonda, facendo attenzione a cambiarla regolarmente per evitare la formazione di batteri o alghe.

Seguire una dieta equilibrata e variegata è fondamentale per la salute e il benessere delle lumache durante la conservazione. Offrire loro una vasta gamma di alimenti freschi e integratori nutrizionali garantirà che ricevano tutti i nutrienti di cui hanno bisogno per mantenersi in salute e attivi. Prestare attenzione all'alimentazione delle lumache è un passo essenziale per assicurare il loro benessere a lungo termine.

8. Manutenzione dei Raccolti: Tecniche per Garantire la Salute e il Benessere

La manutenzione dei raccolti di lumache è un aspetto cruciale per garantire la loro salute e il loro benessere nel lungo termine. Ci sono diverse tecniche e pratiche che possono essere adottate per assicurare che gli habitat delle lumache siano mantenuti in condizioni ottimali e che gli animali stessi siano al sicuro e in salute. Ecco alcuni consigli pratici per la manutenzione dei raccolti di lumache:

1. **Pulizia regolare degli habitat:** È importante pulire regolarmente gli habitat delle lumache per rimuovere i rifiuti, i residui di cibo e qualsiasi materiale in decomposizione che potrebbe diventare un terreno fertile per batteri nocivi o parassiti. Utilizzare guanti e strumenti appropriati per rimuovere detriti e sostanze indesiderate senza disturbare eccessivamente le lumache stesse.

2. **Controllo dell'umidità:** Mantenere un livello ottimale di umidità all'interno degli habitat delle lumache è essenziale per garantire il loro benessere. Utilizzare substrati adeguati e spruzzare acqua regolarmente per mantenere l'umidità al livello desiderato. Prestare particolare attenzione a evitare l'accumulo eccessivo di umidità, che potrebbe portare a muffe o muffe dannose per le lumache.

3. **Monitoraggio della temperatura:** Le lumache prosperano in condizioni di temperatura moderate e stabili. Assicurarsi di mantenere una temperatura costante all'interno degli habitat delle lumache, evitando sbalzi improvvisi e eccessive variazioni di calore o freddo che potrebbero stressare gli animali.

4. **Fornitura di rifugi e nascondigli:** Le lumache hanno bisogno di rifugi sicuri e nascondigli dove possono nascondersi e riposare quando lo desiderano. Posizionare rocce, pezzi di corteccia o altri oggetti nella loro habitat per fornire loro punti di rifugio e ridurre lo stress dovuto alla esposizione costante.
5. **Ispezione regolare delle lumache:** Verificare regolarmente lo stato di salute delle lumache osservando il loro comportamento, l'aspetto del loro guscio e eventuali segni di malattie o lesioni. Prestare particolare attenzione a cambiamenti improvvisi nel loro comportamento o nella loro attività che potrebbero indicare problemi di salute sottostanti.

Seguire queste pratiche di manutenzione regolare garantirà che i raccolti di lumache siano mantenuti in condizioni ottimali e che gli animali stessi siano felici, sani e in grado di prosperare. Prestare attenzione alla manutenzione dei raccolti è fondamentale per assicurare il successo a lungo termine della tua attività di allevamento di lumache.

9. Trasporto Sicuro: Linee Guida per il Trasferimento delle Lumache Raccolte

Quando si tratta di trasportare le lumache raccolte da un luogo all'altro, è essenziale seguire delle linee guida specifiche per garantire il loro benessere e la loro sopravvivenza durante il viaggio. Il trasporto sicuro delle lumache richiede attenzione ai dettagli e l'adozione di precauzioni appropriate per evitare danni o stress agli animali. Ecco alcune linee guida per il trasferimento sicuro delle lumache raccolte:

1. **Scelta del contenitore appropriato:** Utilizzare contenitori adeguati e ben ventilati per il trasporto delle lumache. Evitare contenitori troppo piccoli che potrebbero causare sovraffollamento e stress per gli animali. Assicurarsi che il contenitore sia resistente e sicuro, con coperchio o schermatura per evitare fughe durante il trasporto.
2. **Fornitura di substrato e nascondigli:** Aggiungere substrato umido e materiale per nascondigli all'interno del contenitore per fornire alle lumache un ambiente familiare e confortevole durante il viaggio. Assicurarsi che il substrato sia fresco e pulito per evitare l'accumulo di batteri o muffe nocive.
3. **Controllo della temperatura:** Mantenere una temperatura stabile e confortevole all'interno del contenitore durante il trasporto. Evitare l'esposizione diretta alla luce solare e alle temperature estreme che potrebbero causare stress termico agli animali. Se necessario, utilizzare accumulatori di calore o materiali isolanti per mantenere una temperatura ottimale.
4. **Protezione dagli urti e dalle vibrazioni:** Manipolare con cura il contenitore durante il trasporto per evitare urti e vibrazioni che potrebbero danneggiare gli animali o causare stress. Evitare movimenti bruschi o scosse e posizionare il contenitore in una posizione stabile e sicura all'interno del veicolo.
5. **Durata e pianificazione del viaggio:** Ridurre al minimo la durata del viaggio e pianificare percorsi che riducano al minimo il rischio di incidenti o ritardi. Evitare viaggi prolungati che potrebbero esporre le lumache a stress eccessivo o condizioni ambientali avverse. Se il viaggio è lungo, pianificare soste regolari per controllare lo stato delle lumache e fornire acqua fresca se necessario.

Seguire queste linee guida per il trasporto sicuro delle lumache garantirà che gli animali arrivino a destinazione in buone condizioni e pronti per essere introdotti nel loro nuovo habitat. Prestare attenzione ai dettagli e adottare precauzioni adeguate è fondamentale per assicurare il benessere degli animali durante il trasporto.

10. Conservazione a Lungo Termine: Strategie per Mantenere la Qualità e la Freschezza

La conservazione a lungo termine delle lumache richiede l'adozione di strategie mirate per garantire la qualità e la freschezza degli animali nel tempo. Sebbene le lumache siano creature resistenti, è fondamentale fornire loro un ambiente adatto e condizioni ottimali per preservarne la salute e il benessere nel corso del tempo. Ecco alcune strategie pratiche per conservare le lumache a lungo termine:

1. **Selezione del contenitore di conservazione:** Utilizzare contenitori specifici per la conservazione delle lumache che siano ben ventilati, spaziosi e sicuri. Evitare contenitori troppo piccoli che potrebbero causare sovraffollamento e stress agli animali. Assicurarsi che il contenitore sia resistente e dotato di coperchio per evitare fughe.

2. **Fornitura di un ambiente confortevole:** Aggiungere substrato umido, materiale per nascondigli e fonti di cibo e acqua all'interno del contenitore per fornire alle lumache un ambiente familiare e confortevole. Mantenere il substrato pulito e fresco per evitare l'accumulo di batteri o muffe nocive che potrebbero compromettere la salute degli animali.

3. **Controllo della temperatura e dell'umidità:** Mantenere una temperatura e un'umidità stabili all'interno del contenitore per garantire il benessere delle lumache. Evitare sbalzi termici e condizioni estreme che potrebbero causare stress agli animali. Utilizzare termometri e igrometri per monitorare costantemente le condizioni ambientali e regolare di conseguenza.
4. **Alimentazione equilibrata:** Fornire alle lumache un'alimentazione bilanciata e nutriente per garantire il loro fabbisogno nutrizionale. Utilizzare cibi freschi e di alta qualità e variare la dieta con una varietà di alimenti vegetali e integratori minerali per garantire un apporto nutrizionale completo.
5. **Controllo sanitario regolare:** Effettuare controlli sanitari regolari sulle lumache per rilevare tempestivamente eventuali segni di malattie o problemi di salute. Isolare eventuali lumache malate o deboli e fornire loro cure appropriate per favorirne il recupero.
6. **Manutenzione del contenitore:** Pulire e disinfettare regolarmente il contenitore di conservazione per prevenire l'accumulo di batteri o parassiti nocivi. Cambiare il substrato e l'acqua periodicamente per mantenere un ambiente pulito e salubre per le lumache.
7. **Gestione dello spazio:** Evitare sovraffollamento all'interno del contenitore di conservazione e fornire alle lumache spazio sufficiente per muoversi liberamente e esplorare l'ambiente circostante. Assicurarsi che il contenitore sia adeguatamente areato per favorire la circolazione dell'aria e prevenire l'accumulo di umidità e odori sgradevoli.

Seguire queste strategie per la conservazione a lungo termine delle lumache garantirà che gli animali rimangano sani, felici e attivi nel corso del tempo, consentendo agli allevatori di godere della compagnia delle loro piccole amiche per molti anni a venire.

XVI. Raccolta e conservazione delle lumache

1. Tecniche di Raccolta delle Lumache: Strategie Efficaci per una Cattura Sicura

La raccolta delle lumache è un'arte delicata che richiede precisione e attenzione ai dettagli. Per ottenere una cattura sicura e garantire la freschezza degli esemplari, è fondamentale adottare tecniche efficaci e strategie ben studiate. In questo paragrafo, esploreremo diverse metodologie per la raccolta delle lumache, fornendo consigli pratici e suggerimenti utili per i principianti e gli esperti del settore.

Prima di iniziare la caccia alle lumache, è importante scegliere il momento giusto della giornata. Le lumache sono più attive durante le ore notturne o nelle prime ore del mattino, quando l'umidità è più alta e la temperatura è più fresca. Pertanto, pianificare la raccolta durante questi periodi può aumentare le probabilità di successo.

Un'importante considerazione da tenere a mente è la scelta del luogo di raccolta. Le lumache sono creature che amano l'umidità e tendono a rifugiarsi in luoghi bui e umidi, come sotto rocce, tronchi d'albero o piante. Pertanto, esplorare aree boschive, giardini o terreni umidi può essere un buon punto di partenza per la ricerca.

Una volta individuato un potenziale habitat per le lumache, è necessario procedere con cautela e rispetto. Evitare di disturbare eccessivamente l'ambiente circostante per non spaventare le lumache o danneggiare il loro habitat naturale. Inoltre, è importante prestare attenzione a non danneggiare le piante o disturbare altri organismi presenti nell'area.

Quando si tratta di catturare le lumache, esistono diverse tecniche che possono essere utilizzate. Una delle metodologie più comuni è quella di raccogliere le lumache manualmente, utilizzando guanti per proteggere le mani e un contenitore per raccoglierle. È importante maneggiare le lumache con delicatezza per evitare di danneggiarle o stressarle e assicurarsi di verificare ogni nascondiglio in modo accurato.

In alternativa, è possibile utilizzare trappole per lumache, come recipienti con esche alimentari, posizionate strategicamente negli habitat delle lumache. Questo metodo può essere particolarmente efficace per catturare un gran numero di lumache in un breve periodo di tempo.

Indipendentemente dalla tecnica utilizzata, è importante essere pazienti e dedicare tempo ed energia alla raccolta delle lumache. Con pratica e determinazione, è possibile ottenere una cattura sicura e soddisfacente, garantendo così la freschezza e la qualità degli esemplari destinati alla preparazione culinaria.

2. Preparazione al Raccolto: Come Pianificare e Organizzare la Raccolta delle Lumache

La preparazione accurata prima del raccolto delle lumache è essenziale per massimizzare l'efficienza e garantire una buona resa. In questo paragrafo, esploreremo le fasi cruciali della pianificazione e dell'organizzazione della raccolta delle lumache, offrendo consigli pratici e strategie utili per ottimizzare il processo.

Prima di intraprendere qualsiasi attività di raccolta, è fondamentale effettuare una valutazione preliminare dell'area prescelta. Questo può includere una ricognizione del terreno, la verifica delle condizioni meteorologiche e l'identificazione delle potenziali fonti di lumache. Ad esempio, esaminare il terreno per individuare segni di presenza di lumache, come tracce di muco o residui alimentari, può aiutare a determinare le aree più promettenti per il raccolto.

Una volta identificate le aree ideali per la raccolta, è importante pianificare il percorso e stabilire un piano d'azione dettagliato. Questo può includere la mappatura delle posizioni specifiche in cui saranno concentrate le attività di raccolta, nonché la pianificazione dei tempi e delle risorse necessarie per completare il processo in modo efficiente.

Inoltre, è essenziale raccogliere e preparare correttamente l'attrezzatura necessaria per il raccolto delle lumache. Questo può includere guanti protettivi, contenitori per il trasporto, lampade torce per la ricerca notturna e eventuali strumenti aggiuntivi per facilitare la cattura. Assicurarsi di controllare e preparare l'attrezzatura in anticipo per evitare contrattempi durante il raccolto.

Durante la pianificazione, è anche importante prendere in considerazione le esigenze logistiche e organizzative, come il trasporto delle lumache raccolte e la gestione dei rifiuti. Assicurarsi di avere un piano chiaro per lo smaltimento delle lumache non idonee al consumo o per il loro trasporto verso le strutture di allevamento, se del caso.

Infine, è consigliabile stabilire obiettivi chiari e realistici per il raccolto, tenendo conto delle risorse disponibili e delle dimensioni dell'area da esplorare. Avere una chiara comprensione degli obiettivi può aiutare a mantenere il focus e a massimizzare l'efficienza durante il processo di raccolta.

Seguendo queste pratiche di preparazione e organizzazione, è possibile garantire una raccolta delle lumache ben pianificata e eseguita, con risultati ottimali e una minima perdita di tempo e risorse.

3. Processo di Spurgatura: Eliminare le Impurità dalle Lumache Raccolte

Il processo di spurgatura è un passaggio cruciale nella preparazione delle lumache raccolte per la cottura. Durante questo processo, l'obiettivo principale è quello di eliminare eventuali impurità o residui presenti nelle lumache, garantendo così un prodotto finale di alta qualità e sicuro da consumare.

Per iniziare il processo di spurgatura, è importante raccogliere tutte le lumache in un contenitore adeguato e pulito. È consigliabile utilizzare acqua fresca e pulita per immergere le lumache, in modo da rimuovere eventuali tracce di sporco o detriti presenti sui loro gusci e nei loro tessuti.

Una volta che le lumache sono immersi nell'acqua, è possibile aggiungere un agente spurgante, come il sale grosso o il bicarbonato di sodio. Questi agenti aiutano a stimolare le lumache a eliminare le impurità e a purificare i loro tessuti. È importante seguire le dosi raccomandate per evitare di danneggiare le lumache o influenzare negativamente il loro sapore.

Durante il processo di spurgatura, è consigliabile cambiare l'acqua regolarmente, preferibilmente ogni poche ore, per assicurarsi che le lumache siano immerse in acqua pulita e fresca. Questo aiuta a garantire una spurgatura efficace e completa delle impurità.

È anche possibile aggiungere alcuni ingredienti aromatizzanti all'acqua durante il processo di spurgatura, come erbe aromatiche o agrumi, per aggiungere sapore alle lumache e mascherare eventuali odori sgradevoli.

Una volta completato il processo di spurgatura, le lumache dovrebbero essere accuratamente sciacquate sotto acqua corrente per rimuovere eventuali residui di agente spurgante e garantire che siano completamente pulite e pronte per la cottura.

Seguendo attentamente questi passaggi durante il processo di spurgatura, è possibile ottenere lumache deliziose e di alta qualità, libere da impurità e pronte per essere preparate in una varietà di piatti gustosi.

4. Conservazione a Lungo Termine: Metodi per Mantenere la Freschezza delle Lumache

La conservazione a lungo termine delle lumache è fondamentale per garantire che mantengano la loro freschezza e qualità anche dopo diverso tempo dalla raccolta. Esistono diversi metodi efficaci per conservare le lumache in modo ottimale, consentendo loro di rimanere commestibili e gustose per un periodo prolungato.

Uno dei metodi più comuni per conservare le lumache a lungo termine è l'utilizzo del congelamento. Prima di congelare le lumache, è importante assicurarsi che siano state correttamente spurgate e pulite. Una volta preparate, le lumache possono essere disposte su un vassoio o un foglio e poste nel congelatore per congelare fino a quando non sono completamente solide. Successivamente, possono essere trasferite in sacchetti per alimenti sigillabili e conservate nel congelatore fino al momento dell'uso. Il congelamento è un metodo efficace per preservare la freschezza delle lumache e può prolungare la loro conservazione per diversi mesi.

Un altro metodo per conservare le lumache è l'essiccazione. Le lumache possono essere essiccate in modo da rimuovere l'umidità e prevenire la crescita di batteri e muffe. Per essiccare le lumache, è possibile utilizzare un essiccatore alimentare o semplicemente un forno a bassa temperatura. Le lumache devono essere disposte su un vassoio in modo che siano ben ventilate e lasciate essiccare lentamente fino a quando non diventano completamente secche e croccanti. Una volta essiccate, possono essere conservate in contenitori ermetici in un luogo fresco e asciutto per un periodo prolungato.

In alternativa, le lumache possono essere conservate in barattoli sottovuoto. Questo metodo di conservazione impiega l'uso di un'apposita macchina per il sottovuoto per rimuovere l'aria dal barattolo, creando un ambiente privo di ossigeno che rallenta il deterioramento delle lumache. Prima di sigillare il barattolo, è importante assicurarsi che le lumache siano state spurgate e pulite accuratamente e che il barattolo sia completamente sterile.

Infine, un metodo tradizionale di conservazione delle lumache è l'immersione in salamoia. Le lumache vengono immerse in una soluzione di acqua salata e aceto o limone, che aiuta a preservarle e conferire loro un sapore unico. Le lumache sott'aceto possono essere conservate in barattoli di vetro sterilizzati e sigillati e mantenute in un luogo fresco e buio per un lungo periodo.

Utilizzando questi metodi di conservazione, è possibile mantenere la freschezza delle lumache per un periodo prolungato, consentendo di gustare il loro sapore unico anche dopo diverso tempo dalla raccolta.

5. Tecniche di Congelamento: Conservare le Lumache per un Utilizzo Futuro

Il congelamento è una delle tecniche più efficaci per conservare le lumache per un utilizzo futuro. Tuttavia, è fondamentale seguire alcuni passaggi essenziali per garantire che le lumache mantengano la loro freschezza e sapore una volta scongelate.

Prima di tutto, è importante preparare adeguatamente le lumache per il congelamento. Dopo averle raccolte e spurgate, assicurarsi di pulirle accuratamente per rimuovere eventuali residui di terra o detriti. Successivamente, è consigliabile sbollentarle brevemente in acqua bollente per un paio di minuti e quindi raffreddarle rapidamente in acqua ghiacciata. Questo passaggio non solo aiuta a rimuovere eventuali impurità residue, ma anche a rilasciare le lumache dal guscio, semplificando il processo di estrazione successivo.

Una volta che le lumache sono state preparate, è importante disporle su un vassoio in modo che siano ben distanziate l'una dall'altra e quindi posizionare il vassoio nel congelatore. Questo permette alle lumache di congelarsi rapidamente e in modo uniforme, prevenendo la formazione di grandi cristalli di ghiaccio che potrebbero compromettere la consistenza e il sapore.

Dopo che le lumache sono completamente congelate, è possibile trasferirle in sacchetti per alimenti sigillabili o contenitori appositi per il congelatore. Assicurarsi di rimuovere l'aria in eccesso dai sacchetti e sigillarli saldamente per prevenire l'ossidazione e l'inscatolamento. È consigliabile etichettare i sacchetti con la data di congelamento in modo da tenere traccia della loro freschezza.

Quando si è pronti a utilizzare le lumache congelate, è importante scongelarle lentamente e delicatamente per preservarne la qualità. La migliore pratica è quella di scongelarle lentamente in frigorifero durante la notte o per diverse ore prima di utilizzarle. Evitare di scongelare le lumache a temperatura ambiente o sotto l'acqua corrente, poiché questo potrebbe compromettere la loro consistenza e sapore.

Utilizzando queste tecniche di congelamento, è possibile conservare le lumache per un periodo prolungato senza compromettere la loro freschezza e sapore, garantendo che siano pronte per essere utilizzate in una varietà di ricette gustose.

6. Conservazione in Salamoia: Preservare le Lumache con Gusto e Freschezza

La conservazione delle lumache in salamoia è un metodo antico e affidabile per preservare le lumache con gusto e freschezza, consentendoti di godere di questo prelibato ingrediente in qualsiasi momento dell'anno. Ecco una guida dettagliata su come procedere con questa tecnica:

1. **Preparazione delle lumache:** Dopo aver raccolto e spurgato le lumache, è necessario sciacquarle accuratamente sotto acqua corrente per rimuovere eventuali residui di terra o impurità. Successivamente, sbollentarle brevemente in acqua bollente per alcuni minuti per facilitare l'estrazione dalle loro conchiglie. Una volta completato questo passaggio, scolarle e raffreddarle in acqua fredda.
2. **Preparazione della salamoia:** La salamoia è una soluzione di acqua e sale utilizzata per conservare le lumache. Puoi preparare la salamoia sciogliendo il sale in acqua, generalmente utilizzando una proporzione di 1 parte di sale per 4-5 parti di acqua. Puoi arricchire la salamoia con aromi e spezie a piacere, come aglio, pepe nero, foglie di alloro o rosmarino, per conferire un sapore extra alle lumache.

3. **Immergere le lumache nella salamoia:** Una volta preparata la salamoia, è il momento di immergere le lumache all'interno. Assicurati che le lumache siano completamente coperte dalla salamoia per garantire una conservazione uniforme. Puoi utilizzare contenitori di vetro o barattoli sterilizzati per conservare le lumache immerse nella salamoia. Sigilla bene i contenitori per evitare la contaminazione esterna.

4. **Maturazione delle lumache:** Dopo aver immerso le lumache nella salamoia, è consigliabile lasciarle maturare in frigorifero per almeno una settimana, se non di più. Durante questo periodo, le lumache assorbiranno i sapori della salamoia e si conserveranno in modo ottimale. Assicurati di controllare periodicamente le lumache per assicurarti che siano immerse completamente nella salamoia e per rimuovere eventuali impurità dalla superficie.

5. **Utilizzo delle lumache conservate:** Una volta mature, le lumache conservate in salamoia sono pronte per essere gustate. Puoi servirle come antipasto, aggiungerle a insalate o utilizzarle come ingrediente in ricette tradizionali. Assicurati di scolarle bene dalla salamoia prima di utilizzarle e, se necessario, risciacquale sotto acqua corrente per ridurre il contenuto di sale.

Con questa tecnica, puoi conservare le lumache in salamoia per diversi mesi, garantendo che siano sempre disponibili per arricchire i tuoi piatti con il loro sapore unico e prelibato.

7. Lavorazione delle Lumache: Preparazione per la Conservazione e il Consumo

La lavorazione delle lumache è un passaggio cruciale per garantire la loro conservazione ottimale e prepararle per il consumo. Segui questi passaggi dettagliati per preparare le lumache per la conservazione e il consumo:

1. **Preliminari:** Prima di iniziare la lavorazione delle lumache, assicurati di averle spurgate correttamente per eliminare qualsiasi impurità o residuo di terra. Sciacquale accuratamente sotto acqua corrente e rimuovi eventuali gusci vuoti o danneggiati.
2. **Selezione:** Esamina attentamente le lumache per individuare eventuali esemplari danneggiati o malsani. Rimuovi le lumache con gusci rotti o danneggiati e scegli solo quelle di qualità ottimale per la lavorazione.
3. **Bollitura preliminare:** Per rendere più facile l'estrazione delle lumache dai loro gusci, puoi procedere con una breve bollitura preliminare. Immergi le lumache in acqua bollente per alcuni minuti, quindi scolale e raffreddale rapidamente in acqua fredda.
4. **Estrazione dalle conchiglie:** Dopo la bollitura preliminare, le lumache saranno più facili da estrarre dai loro gusci. Utilizza un'apposita pinza o un piccolo coltello per rimuovere delicatamente le lumache dai gusci. Assicurati di maneggiarle con cura per evitare di danneggiarle.
5. **Pulizia ulteriore:** Dopo aver estratto le lumache dai gusci, sciacquale nuovamente sotto acqua corrente per eliminare eventuali residui. Se necessario, puoi pulirle ulteriormente strofinandole delicatamente con un pennello o una spazzola per rimuovere qualsiasi residuo.

6. **Taglio e preparazione:** A questo punto, le lumache sono pronte per essere tagliate e preparate secondo le tue preferenze culinarie. Puoi tagliarle a pezzi più piccoli per utilizzarle in ricette come zuppe, stufati o condimenti per la pasta. Oppure puoi lasciarle intere per preparazioni come lumache alla bourguignonne o gratinate.
7. **Conservazione:** Se non intendi consumare le lumache immediatamente, è possibile conservarle utilizzando una delle tecniche descritte nei paragrafi precedenti, come il congelamento o la conservazione in salamoia.

Seguendo questi passaggi, sarai in grado di preparare le lumache in modo ottimale per la conservazione e il consumo, garantendo che siano pronte per arricchire i tuoi piatti con il loro sapore unico e prelibato.

8. Conservazione in Vetro: Conservare le Lumache in Barattoli per un Lungo Periodo

La conservazione delle lumache in barattoli di vetro è un metodo popolare per preservarle per un lungo periodo, garantendo al contempo la loro freschezza e il loro sapore. Segui questi passaggi dettagliati per conservare le lumache in barattoli di vetro:

1. **Preparazione dei barattoli:** Assicurati di utilizzare barattoli di vetro puliti e sterilizzati per la conservazione delle lumache. Lavali accuratamente con acqua calda e sapone, quindi sciacquali bene. Successivamente, sterilizza i barattoli immergendoli in acqua bollente per alcuni minuti o utilizzando un processo di sterilizzazione a vapore.

2. **Preparazione delle lumache:** Prima di conservare le lumache nei barattoli di vetro, assicurati di averle spurgate e preparate correttamente. Rimuovi eventuali residui di terra o impurità e assicurati che le lumache siano pulite e prive di gusci danneggiati.

3. **Salamoia o brodo:** Prima di inserire le lumache nei barattoli, puoi preparare una salamoia o un brodo aromatico per aggiungere sapore e conservare le lumache. Puoi preparare una salamoia con acqua, sale, aceto e spezie a tuo piacimento, oppure utilizzare un brodo di verdure o di pollo.

4. **Riempimento dei barattoli:** Disponi le lumache preparate nei barattoli di vetro, lasciando uno spazio sufficiente in cima per il liquido di conservazione. Versa delicatamente la salamoia o il brodo preparato sui lumache, assicurandoti che siano completamente coperte dal liquido.

5. **Chiusura ermetica:** Chiudi ermeticamente i barattoli di vetro con i coperchi e assicurati che siano sigillati correttamente. Questo aiuterà a mantenere la freschezza delle lumache e a prevenire la contaminazione da parte di batteri o agenti esterni.

6. **Etichettatura e datazione:** Una volta chiusi i barattoli, etichettali con il contenuto e la data di conservazione. Questo ti aiuterà a tenere traccia della freschezza delle lumache e a utilizzarle prima che scada la loro conservazione ottimale.

7. **Conservazione:** Conserva i barattoli di lumache in un luogo fresco e buio, come una dispensa o un armadio. Evita l'esposizione alla luce diretta del sole e a temperature elevate, che potrebbero compromettere la qualità delle lumache conservate.

Seguendo questi passaggi, sarai in grado di conservare le lumache in barattoli di vetro per un lungo periodo, garantendo la freschezza e il sapore delle tue prelibate conserve.

9. Tecniche di Essiccazione: Come Essiccare le Lumache per un Conservazione Duratura

L'essiccazione è un metodo efficace per conservare le lumache per lunghi periodi, consentendo loro di mantenere la loro qualità e freschezza anche senza refrigerazione. Segui questi passaggi dettagliati per essiccare correttamente le lumache:

1. **Preparazione delle lumache:** Prima di iniziare il processo di essiccazione, assicurati di spurgare e pulire accuratamente le lumache. Rimuovi eventuali impurità o detriti e assicurati che siano completamente pulite.

2. **Scelta del metodo di essiccazione:** Esistono diverse tecniche per essiccare le lumache, tra cui l'essiccazione all'aria aperta, l'essiccazione in forno e l'essiccazione con l'uso di essiccatori elettrici. Scegli il metodo più adatto alle tue esigenze e alle risorse disponibili.

3. **Essiccazione all'aria aperta:** Se scegli di essiccare le lumache all'aria aperta, assicurati di farlo in un luogo fresco, ventilato e protetto dal sole diretto. Disponi le lumache su una griglia o un vassoio, assicurandoti che siano distribuite uniformemente per consentire una buona circolazione dell'aria.

4. **Essiccazione in forno:** Se preferisci utilizzare il forno per essiccare le lumache, riscalda il forno a una temperatura bassa, intorno ai 50-60°C (120-140°F). Disponi le lumache su una teglia foderata con carta da forno e lasciale essiccare lentamente nel forno, controllando di tanto in tanto per evitare che si brucino.

5. **Essiccazione con essiccatori:** Se hai accesso a un essiccatore elettrico, segui le istruzioni del produttore per essiccare le lumache. Regola la temperatura e il tempo di essiccazione in base alle specifiche del dispositivo e controlla periodicamente il processo per assicurarti che le lumache vengano essiccate in modo uniforme.
6. **Controllo dell'essiccazione:** Durante il processo di essiccazione, controlla regolarmente lo stato delle lumache. Assicurati che siano essiccate completamente, ma non eccessivamente, per evitare che diventino troppo dure o croccanti.
7. **Conservazione delle lumache essiccate:** Una volta essiccate, conserva le lumache in contenitori ermetici o sacchetti sottovuoto per proteggerle dall'umidità e dagli agenti esterni. Etichetta i contenitori con la data di essiccazione e utilizza le lumache entro un periodo di tempo ragionevole per garantirne la freschezza.

Seguendo attentamente questi passaggi, sarai in grado di essiccare correttamente le lumache per una conservazione duratura, garantendo che mantengano il loro sapore e le loro proprietà nutritive per lungo tempo.

10. Consigli per la Conservazione Domestica: Strategie Pratiche per Conservare le Lumache a Casa

La conservazione domestica delle lumache richiede un approccio attento e meticoloso per garantire che rimangano fresche e sicure per il consumo. Ecco alcuni consigli pratici per conservare le lumache a casa:

1. **Temperatura e umidità:** Le lumache devono essere conservate in un ambiente fresco e umido per mantenerne la freschezza. Idealmente, la temperatura dovrebbe essere intorno ai 10-15°C (50-59°F) e l'umidità intorno al 70-80%. Una cantina fresca o un frigorifero sono luoghi adatti per conservare le lumache.
2. **Contenitori adeguati:** Utilizza contenitori traspiranti, come scatole di plastica forate o sacchetti di rete, per conservare le lumache. Assicurati che i contenitori siano sufficientemente grandi da consentire alle lumache di muoversi e di respirare, ma anche abbastanza sicuri da impedire loro di fuggire.
3. **Strato di substrato:** Disponi uno strato di substrato umido sul fondo del contenitore per fornire alle lumache un ambiente confortevole e idratato. Puoi utilizzare terriccio per piante non trattato o torba mista a un po' di acqua per mantenere un livello di umidità ottimale.
4. **Alimentazione regolare:** Se conservi le lumache per un periodo prolungato, assicurati di fornire loro cibo fresco e acqua pulita regolarmente per mantenerle nutrite e idratate. Evita di sovraffollare il contenitore con troppo cibo, poiché potrebbe deteriorarsi rapidamente e danneggiare la qualità dell'ambiente.
5. **Pulizia periodica:** Controlla regolarmente il contenitore delle lumache per rimuovere eventuali feci o residui di cibo e sostituisci il substrato sporco con uno fresco. Mantenere pulito il loro ambiente contribuirà a prevenire odori sgradevoli e problemi di salute.
6. **Controllo dell'odore:** Se noti un odore sgradevole proveniente dal contenitore delle lumache, potrebbe essere un segno di sovraffollamento o di cibo in decomposizione. Controlla la situazione e apporta le modifiche necessarie per migliorare la qualità dell'ambiente.

7. **Isolamento da fonti di stress:** Evita di esporre le lumache a fonti di stress come rumori forti, vibrazioni o temperature estreme, poiché ciò potrebbe causare loro disagio e influire sulla loro salute e benessere.
8. **Monitoraggio costante:** Controlla regolarmente le lumache per assicurarti che stiano bene e che non ci siano segni di malattia o stress. Presta particolare attenzione a eventuali cambiamenti nel comportamento o nell'aspetto delle lumache e agisci di conseguenza.

Seguendo questi consigli pratici, sarai in grado di conservare le lumache in modo sicuro e efficace a casa tua, garantendo la loro freschezza e il loro benessere nel tempo.

XVII. Preparazione e cucina delle lumache

1. Selezionare le Lumache Perfette per la Cottura: Guida alla Scelta degli Esemplari Ideali

Quando ci si prepara a cucinare lumache, la selezione degli esemplari giusti è fondamentale per assicurare un risultato culinario soddisfacente. Prima di tutto, è importante scegliere lumache fresche e vive. Guarda attentamente il guscio: dovrebbe essere intatto, liscio e privo di crepe o rotture. Un guscio solido e consistente è un segno di salute. Le lumache dovrebbero reagire quando le tocchi leggermente, restringendo il corpo nel guscio. Cerca anche segni di umidità eccessiva o mucillagine intorno al guscio, che potrebbero indicare un ambiente di stoccaggio inadeguato.

Oltre alla freschezza, considera anche le dimensioni delle lumache. Mentre alcune ricette richiedono lumache più grandi, altre funzionano meglio con esemplari più piccoli e più teneri. Ad esempio, le lumache più piccole possono essere più tenere e hanno un sapore più delicato, ideali per piatti leggeri e delicati, mentre quelle più grandi possono essere più adatte per ricette robuste e ricche.

Un altro aspetto da considerare è l'origine delle lumache. Se possibile, opta per lumache allevate in modo sostenibile o provenienti da fonti affidabili. Le lumache allevate in ambienti controllati possono offrire una migliore qualità e sicurezza alimentare rispetto a quelle raccolte in natura, dove potrebbero essere esposte a contaminanti ambientali.

Infine, prendi in considerazione il metodo di allevamento delle lumache. Le lumache allevate in modo naturale o biologico possono offrire una migliore qualità e un sapore più autentico rispetto a quelle provenienti da allevamenti intensivi. Cerca informazioni sull'allevatore o sul fornitore e valuta le pratiche di allevamento utilizzate.

In conclusione, la scelta delle lumache giuste è il primo passo per una cucina di successo. Prenditi il tempo necessario per valutare la freschezza, le dimensioni, l'origine e il metodo di allevamento degli esemplari disponibili, in modo da assicurarti di ottenere il massimo dalla tua esperienza culinaria con le lumache.

2. Pulizia e Preliminari: Passaggi Essenziali Prima della Preparazione delle Lumache

Prima di procedere con la preparazione delle lumache per la cottura, è fondamentale eseguire alcuni passaggi essenziali di pulizia e preparazione preliminare. Questi passaggi non solo assicurano la rimozione di eventuali impurità o residui, ma anche preparano gli esemplari per massimizzare il loro sapore e la loro consistenza durante la cottura.

Il primo passo è quello di purgare le lumache, un processo che mira a eliminare le tossine e i residui di cibo indigerito dal loro tratto digestivo. Per fare ciò, metti le lumache in una scodella con acqua fredda e lasciale a bagno per almeno 12 ore, preferibilmente in frigorifero. Durante questo periodo, cambia l'acqua diverse volte per assicurarti che le lumache purghino completamente le loro interiora. Questo processo è cruciale per garantire la sicurezza alimentare e migliorare il sapore delle lumache.

Successivamente, è importante lavare accuratamente le lumache sotto acqua corrente fredda per rimuovere eventuali residui di terra, bava o impurità superficiali. Puoi usare un pennello morbido per pulire delicatamente i gusci e i corpi delle lumache, assicurandoti di eliminare qualsiasi residuo indesiderato.

Una volta completata la pulizia, è consigliabile scottare le lumache in acqua bollente per alcuni minuti. Questo passaggio aggiuntivo aiuta a rassodare leggermente le lumache e a facilitare la rimozione del guscio, rendendo più semplice l'accesso alla carne all'interno. Dopo lo scottamento, scola le lumache e raffreddale rapidamente sotto acqua fredda per fermare il processo di cottura.

Infine, è importante controllare attentamente ogni lumaca prima della cottura, scartando eventuali esemplari danneggiati, morti o non purgati correttamente. La selezione delle lumache di qualità ottimale contribuirà notevolmente al successo della tua preparazione culinaria.

Seguendo questi passaggi essenziali di pulizia e preliminari, potrai preparare le lumache per la cottura in modo sicuro e efficace, garantendo il massimo risultato sul tavolo.

3. Tecniche di Spurgatura: Eliminare le Impurità per una Cottura Ottimale

Le tecniche di spurgatura sono fondamentali per garantire la qualità e la sicurezza delle lumache prima della cottura. Eliminare le impurità e le tossine dal tratto digestivo delle lumache è essenziale per ottenere un piatto finale di alta qualità e per evitare qualsiasi rischio per la salute.

Una delle tecniche più comuni per spurgare le lumache è il metodo del digiuno controllato. Questo metodo prevede di mettere le lumache in una scodella d'acqua fredda per un periodo di tempo prolungato, di solito da 24 a 48 ore. Durante questo tempo, le lumache digiuneranno e espelleranno le impurità presenti nel loro tratto digestivo. È importante cambiare l'acqua regolarmente per rimuovere le impurità che vengono espulse.

Un'altra tecnica di spurgatura è quella di far bollire le lumache per un breve periodo di tempo prima di immergerle in acqua fredda. Questo processo accelera il rilascio delle impurità e può essere particolarmente utile se le lumache devono essere preparate rapidamente. Tuttavia, è importante non far bollire troppo a lungo le lumache, altrimenti potrebbero diventare troppo tenere.

Un altro metodo efficace è la spurgatura sotto corrente d'acqua. In questo caso, le lumache vengono poste sotto un getto di acqua fredda corrente e massaggiata delicatamente per aiutare a rimuovere le impurità dal loro guscio e corpo. Questo metodo è particolarmente utile per le lumache fresche appena raccolte.

Indipendentemente dal metodo scelto, è importante assicurarsi che le lumache siano completamente spurgate prima della cottura per garantire un piatto delizioso e sicuro da consumare.

4. Conservare le Lumache in Vista della Cucina: Strategie per una Conservazione Duratura

La conservazione delle lumache prima della preparazione culinaria richiede un approccio oculato per garantire che mantengano la freschezza e la qualità fino al momento della cottura. Esistono diverse strategie che possono essere adottate per conservare le lumache in modo efficace e duraturo, consentendo di godere appieno del loro sapore unico e della consistenza prelibata.

Una delle prime considerazioni da tenere in considerazione è la temperatura di conservazione. Le lumache dovrebbero essere conservate a una temperatura fresca, generalmente tra i 4 e i 7 gradi Celsius, per rallentare il deterioramento e prevenire la crescita batterica. Questo può essere ottenuto conservandole nel frigorifero, preferibilmente in una parte meno fredda, come il cassetto per le verdure.

Inoltre, è importante conservare le lumache in un ambiente umido per mantenere la loro idratazione e freschezza. Un'opzione è quella di mettere le lumache in un contenitore ermetico con un panno umido o un tovagliolo di carta umido per mantenere un livello adeguato di umidità. Questo previene anche la disidratazione delle lumache, che potrebbe influire sulla loro consistenza e gusto.

Un'altra strategia comune è quella di conservare le lumache in un contenitore perforato all'interno del frigorifero. Questo consente una buona circolazione dell'aria intorno alle lumache, che aiuta a mantenere la loro freschezza. È importante assicurarsi che il contenitore sia sufficientemente aerato per evitare che le lumache diventino troppo umide o si accumuli condensa.

Inoltre, è consigliabile utilizzare un materiale da imballaggio traspirante per avvolgere le lumache, come carta assorbente o un panno di cotone, per assorbire l'umidità in eccesso e mantenere le lumache fresche più a lungo.

Infine, è importante ispezionare regolarmente le lumache durante il periodo di conservazione per individuare eventuali segni di deterioramento o cattivo odore, che potrebbero indicare che le lumache non sono più sicure da consumare.

5. Pratiche di Cucina: Tecniche e Ricette per Esaltare il Gusto delle Lumache

Quando si tratta di cucinare lumache, esistono una varietà di tecniche e ricette che possono essere utilizzate per esaltare al massimo il loro gusto unico e delizioso. Dalla preparazione di piatti tradizionali alle sperimentazioni con nuove combinazioni di sapori, la cucina delle lumache offre un mondo di possibilità culinarie.

Una delle tecniche più comuni per cucinare le lumache è la cottura lenta, che consente loro di assorbire i sapori dei condimenti e delle salse in cui vengono cotte. Questo può essere realizzato stufando le lumache in un sugo aromatico a base di pomodoro, aglio, prezzemolo e altre erbe aromatiche. La cottura lenta permette alle lumache di diventare tenere e succose, mentre i sapori si mescolano armoniosamente.

Un'altra tecnica popolare è quella di grigliare le lumache, che aggiunge un sapore affumicato e un tocco croccante alla loro consistenza. Prima di grigliarle, le lumache possono essere marinare in una miscela di olio d'oliva, succo di limone, aglio e spezie come rosmarino e timo. Una volta grigliate, possono essere servite con una salsa piccante o una maionese aromatizzata per un tocco extra di gusto.

Le lumache possono anche essere cotte al forno, avvolti in carta stagnola con aglio, burro e erbe aromatiche, o incorporati in ricette più complesse come le quiche o i risotti. Questo metodo di cottura permette alle lumache di cuocere lentamente nel loro stesso succo, risultando in un piatto cremoso e ricco di sapori.

Per chi è alla ricerca di nuove idee culinarie, esistono molte ricette innovative che combinano le lumache con ingredienti insoliti o internazionali. Ad esempio, le lumache possono essere utilizzate per preparare una zuppa di cocco thailandese, un curry francese o un risotto italiano, aggiungendo un tocco esotico e sofisticato a qualsiasi pasto.

Inoltre, le lumache possono essere utilizzate per preparare antipasti gourmet come lumache in crosta di pane, lumache al gratin o lumache in salsa di vino. Queste ricette sono perfette per impressionare gli ospiti durante cene speciali o occasioni festive.

In breve, le pratiche di cucina per le lumache sono infinite, offrendo un'ampia gamma di possibilità per sperimentare e deliziare il palato. Con un po' di creatività e coraggio culinario, è possibile creare piatti straordinari che valorizzano al massimo il gusto unico delle lumache.

6. Preparazione per la Cottura: Consigli e Accorgimenti per una Pianificazione Efficace

Prima di iniziare la cottura delle lumache, è essenziale prepararsi adeguatamente per garantire un risultato culinario ottimale. Ci sono diversi consigli e accorgimenti da tenere a mente durante la pianificazione e la preparazione, che possono fare la differenza tra un piatto delizioso e uno deludente.

Innanzitutto, è importante pianificare il menu in anticipo e decidere quale tipo di piatto si desidera preparare. Questo permette di acquistare gli ingredienti necessari e organizzare il tempo di preparazione in modo efficiente. Se si scelgono ricette più complesse, è consigliabile leggerle attentamente e preparare tutti gli ingredienti in anticipo per evitare intoppi durante la cottura.

Un altro aspetto importante della preparazione è la corretta conservazione delle lumache prima della cottura. Le lumache devono essere conservate in frigorifero o in un luogo fresco e buio fino al momento dell'utilizzo. È fondamentale mantenerle in un ambiente pulito e privo di odori, per evitare che assorbano sapori indesiderati.

Prima di cucinare le lumache, è consigliabile spurgarle accuratamente per eliminare eventuali impurità residue. Questo può essere fatto immergendole in acqua fredda per diverse ore o anche per una notte intera, cambiando l'acqua più volte durante il processo. La spurgatura aiuta a ridurre il sapore terroso e conferisce alle lumache una consistenza più delicata.

Durante la preparazione, è importante tenere a mente i tempi e le temperature di cottura raccomandati per evitare che le lumache diventino troppo dure o gommose. Generalmente, le lumache richiedono una cottura lenta e a bassa temperatura per risultare tenere e succose. È consigliabile seguire attentamente le istruzioni della ricetta e controllare regolarmente il loro avanzamento durante la cottura.

Infine, è importante essere creativi e sperimentare con diverse tecniche e ingredienti per scoprire nuovi modi di preparare le lumache. Si possono aggiungere aromi come aglio, erbe aromatiche, vino bianco o brodo di pesce per arricchire il gusto del piatto. Inoltre, si possono combinare le lumache con altri ingredienti come funghi, pomodori secchi o formaggio per creare piatti unici e gustosi.

Seguendo questi consigli e accorgimenti durante la preparazione delle lumache per la cottura, è possibile ottenere piatti deliziosi e soddisfacenti che conquisteranno il palato di chiunque.

7. Sfruttare al Massimo le Lumache: Idee Creative per Piatti Deliziosi e Nutrienti

Esplorare la cucina delle lumache offre un'ampia gamma di opportunità per creare piatti deliziosi e nutrienti che soddisfano i palati più esigenti. Sfruttare al massimo le lumache richiede creatività e una mente aperta per esplorare nuove idee e combinazioni di sapori.

Una delle idee creative più popolari per preparare le lumache è utilizzarle come ingrediente principale in piatti tradizionali rivisitati. Ad esempio, le lumache possono essere utilizzate per preparare risotti, pasta, zuppe o persino pizze gourmet. Aggiungere le lumache a questi piatti conferisce loro un tocco unico e un sapore ricco e succulento.

Un'altra idea creativa è utilizzare le lumache in ricette internazionali per esplorare nuove tradizioni culinarie. Ad esempio, le lumache possono essere utilizzate in piatti francesi come l'escargot, preparate in stile cajun per una cucina creola o utilizzate in piatti asiatici come le zuppe di lumache piccanti. Questo permette di sperimentare una varietà di sapori e tecniche di cottura provenienti da diverse culture culinarie.

Inoltre, le lumache possono essere utilizzate per arricchire insalate, antipasti e piatti a base di verdure. Possono essere aggiunte a insalate miste con formaggio di capra e noci, utilizzate come ripieno per peperoni o funghi, o anche semplicemente servite come antipasto con una salsa aromatica.

Per i più avventurosi, esistono anche ricette gourmet che sfruttano al massimo le lumache in combinazione con ingredienti pregiati come il caviale, il foie gras o il tartufo. Queste creazioni culinarie esaltano il sapore delicato delle lumache e offrono un'esperienza gastronomica unica e raffinata.

Infine, è possibile utilizzare le lumache in preparazioni dolci per creare dessert sorprendenti e innovativi. Ad esempio, le lumache possono essere utilizzate in ricette di pasticceria come i cannoli alla crema di lumache, le tarte tatin alle lumache caramellate o persino gelati alla lumaca con salsa di cioccolato.

Sfruttare al massimo le lumache in cucina richiede un po' di creatività e sperimentazione, ma i risultati possono essere sorprendenti e soddisfacenti. Esplorando nuove idee e combinazioni di sapori, è possibile creare piatti deliziosi e nutrienti che conquisteranno il palato di tutti.

8. Esperienze Culinare Uniche: Esplorando Nuove Ricette e Metodi di Cottura con le Lumache

Esplorare le lumache in cucina offre l'opportunità di vivere esperienze culinarie uniche, esplorando nuove ricette e metodi di cottura che portano alla luce il meglio di questo prelibato ingrediente. La versatilità delle lumache consente di sperimentare una vasta gamma di preparazioni culinarie, offrendo un mondo di possibilità per i cuochi creativi.

Una delle esperienze culinarie uniche che si possono vivere con le lumache è l'esplorazione di nuove ricette regionali e tradizionali. Ogni cultura ha le proprie specialità culinarie che coinvolgono le lumache, e provare queste ricette può essere un modo affascinante per scoprire nuovi sapori e tradizioni gastronomiche. Ad esempio, si possono sperimentare piatti come la bourguignonne di lumache francese, i lumache alla ligure o i piatti di lumache alla provenzale.

Inoltre, esplorare nuovi metodi di cottura può portare a esperienze culinarie sorprendenti e deliziose. Oltre alla cottura tradizionale in padella o in forno, si possono utilizzare metodi come la grigliatura, la frittura, il brasato o il vapore per creare piatti unici e apprezzati. Ogni metodo di cottura porta con sé sapori e consistenze diverse, consentendo di personalizzare le preparazioni culinarie in base alle preferenze individuali.

Per arricchire ulteriormente l'esperienza culinaria con le lumache, si possono esplorare nuove combinazioni di ingredienti e condimenti. L'abbinamento delle lumache con erbe aromatiche, spezie, verdure, formaggi e salse offre infinite possibilità per creare piatti dal sapore unico e intrigante. Provare diverse combinazioni di ingredienti consente di scoprire nuove armonie di gusto e di personalizzare le ricette in base alle proprie preferenze e alla stagionalità degli ingredienti disponibili.

Infine, un'esperienza culinaria unica con le lumache può includere la partecipazione a eventi gastronomici e festival dedicati a questo prelibato ingrediente. Partecipare a cene o degustazioni tematiche offre l'opportunità di assaggiare una varietà di piatti a base di lumache preparati da chef esperti e di condividere l'entusiasmo per questa delizia culinaria con altri appassionati.

Esplorare nuove ricette, metodi di cottura e combinazioni di ingredienti con le lumache è un viaggio emozionante nel mondo della cucina, che offre esperienze culinarie uniche e memorabili per tutti i gusti.

XVIII. Vendita e marketing dei prodotti elicicoli

1. Strategie di Commercializzazione: Come Promuovere i Prodotti Elicicoli sul Mercato

Promuovere i prodotti elicicoli sul mercato richiede una strategia ben pianificata e mirata, in grado di catturare l'attenzione dei potenziali clienti e differenziare il proprio marchio nella competizione. Le lumache commestibili, se adeguatamente commercializzate, possono offrire un'opportunità unica per gli allevatori di capitalizzare sulla crescente domanda di prodotti alimentari sostenibili e di alta qualità. In questo paragrafo, esploreremo alcune delle strategie chiave per promuovere con successo i prodotti elicicoli sul mercato.

1. **Identificazione del target di mercato:** Prima di lanciare qualsiasi campagna di marketing, è essenziale identificare chiaramente il proprio target di mercato. Questo potrebbe includere ristoranti gourmet, negozi di alimentari specializzati, mercati contadini locali o direttamente i consumatori finali interessati a cucinare con lumache fresche. Comprendere le esigenze, i desideri e le preferenze del proprio pubblico è fondamentale per sviluppare un messaggio efficace e creare un'offerta che risponda alle loro aspettative.

2. **Differenziazione del prodotto:** Con un mercato sempre più affollato, è cruciale differenziare i propri prodotti elicicoli dalla concorrenza. Ciò potrebbe implicare l'offerta di lumache di varietà rare o introdurre un processo di allevamento o preparazione unico che conferisce al prodotto un vantaggio distintivo. Ad esempio, si potrebbe sottolineare l'uso di metodi di allevamento naturali o biologici che garantiscono lumache di alta qualità e saporite.
3. **Creazione di un marchio accattivante:** Il branding gioca un ruolo fondamentale nel distinguere i propri prodotti elicicoli sul mercato. Un marchio forte e accattivante non solo attira l'attenzione dei consumatori, ma anche comunica i valori e la qualità associati ai prodotti. Ciò potrebbe includere la progettazione di un logo memorabile, l'uso di confezioni attraenti e la creazione di una storia di marca coinvolgente che si collega emotivamente al pubblico.
4. **Sviluppo di una strategia di comunicazione integrata:** Utilizzare una combinazione di canali di comunicazione tradizionali e digitali per promuovere i prodotti elicicoli. Questo potrebbe comprendere la pubblicità su riviste specializzate nell'alta cucina, la partecipazione a fiere gastronomiche e agricole, la creazione di un sito web informativo e coinvolgente e l'attività sui social media per interagire con i clienti e condividere contenuti pertinenti.
5. **Collaborazioni strategiche:** Considerare la possibilità di collaborare con chef rinomati, ristoranti di lusso o influencer nel settore alimentare per aumentare la visibilità e l'autorevolezza del proprio marchio. Queste partnership possono aiutare a generare buzz attorno ai prodotti elicicoli e a raggiungere nuovi segmenti di mercato attraverso raccomandazioni e testimonianze autentiche.

Implementare queste strategie con cura e attenzione può aiutare gli allevatori di lumache a posizionare i propri prodotti elicicoli in modo efficace sul mercato e a massimizzare le opportunità di vendita e successo commerciale.

2. Normative e Legislazione: Guida alla Vendita Legale di Lumache Commestibili

La vendita di lumache commestibili è soggetta a diverse normative e legislazioni, che variano da paese a paese e spesso anche all'interno delle singole giurisdizioni. È essenziale comprendere appieno questi requisiti legali per assicurarsi di operare in conformità con la legge e evitare sanzioni o problemi legali che potrebbero compromettere l'attività commerciale.

In molti paesi, la vendita di lumache commestibili è soggetta a regolamenti sanitari e igienici rigorosi, poiché le lumache sono considerate prodotti alimentari e devono rispettare gli standard di sicurezza alimentare stabiliti dalle autorità competenti. Ciò potrebbe includere requisiti specifici per la manipolazione, la conservazione e il trasporto delle lumache, nonché per le strutture e le attrezzature utilizzate nell'allevamento e nella lavorazione.

Oltre alle normative sanitarie, è importante essere a conoscenza delle leggi relative all'etichettatura e alla presentazione dei prodotti alimentari. Le lumache vendute devono essere correttamente etichettate con informazioni chiare e accurate riguardanti il loro contenuto, il paese di origine, la data di produzione e scadenza, le istruzioni per la conservazione e l'eventuale presenza di allergeni o altri ingredienti. In alcuni casi, potrebbe essere richiesta l'approvazione preventiva delle etichette da parte delle autorità competenti.

Inoltre, è fondamentale rispettare le normative relative alla commercializzazione degli animali vivi o morti. Queste normative possono riguardare il benessere degli animali durante il trasporto e la manipolazione, nonché i requisiti per la cattura o l'allevamento delle lumache in modo sostenibile ed etico. Ad esempio, in molti paesi è richiesta una licenza specifica per la vendita di lumache, e potrebbero essere stabilite limitazioni sulle specie che possono essere commercializzate o sulle pratiche di allevamento consentite.

Infine, è importante tenere conto delle normative fiscali e commerciali che riguardano le attività commerciali in generale, come le licenze commerciali, le tasse sulle vendite e le normative antitrust. Assicurarsi di essere in regola con tutti questi requisiti può richiedere la consulenza di esperti legali o professionisti del settore alimentare per evitare complicazioni e garantire una gestione aziendale legale e responsabile.

In conclusione, comprendere e rispettare le normative e la legislazione relative alla vendita di lumache commestibili è fondamentale per garantire il successo e la sostenibilità dell'attività commerciale. Essere informati e conformi alle normative vigenti contribuirà a proteggere la reputazione del marchio e a garantire la fiducia dei clienti, creando una base solida per lo sviluppo e la crescita dell'azienda.

3. Branding e Immagine del Prodotto: Creare un Marchio di Successo per i Prodotti Elicicoli

Il branding e l'immagine del prodotto sono elementi cruciali per differenziare i prodotti elicicoli sul mercato e creare un marchio di successo che si distingua dalla concorrenza. Un marchio forte non solo attira i clienti, ma comunica anche i valori e la qualità dei prodotti, contribuendo a costruire fiducia e fedeltà nei confronti del marchio.

Per creare un marchio di successo per i prodotti elicicoli, è fondamentale avere una visione chiara dell'identità del marchio e dei valori che si desidera trasmettere. Questo può includere elementi come la sostenibilità, l'autenticità, la qualità e l'innovazione. Ad esempio, un'azienda potrebbe focalizzarsi sull'allevamento etico delle lumache, sottolineando l'attenzione al benessere animale e alla sostenibilità ambientale come parte integrante della propria filosofia aziendale.

Una volta definita l'identità del marchio, è importante tradurla in un'immagine visiva coerente e accattivante. Ciò include la progettazione di un logo distintivo e riconoscibile, che rappresenti al meglio la personalità e i valori del marchio. Il logo dovrebbe essere utilizzato in tutti i materiali di marketing e comunicazione, inclusi l'imballaggio dei prodotti, il sito web aziendale, i social media e le pubblicità, per creare coerenza e riconoscibilità del marchio.

Oltre al logo, è essenziale curare anche l'aspetto dell'imballaggio dei prodotti elicicoli. L'imballaggio non solo protegge i prodotti durante il trasporto e la conservazione, ma svolge anche un ruolo cruciale nell'attrarre l'attenzione dei clienti e comunicare la qualità e l'unicità del marchio. Un design accattivante, combinato con materiali di alta qualità e pratiche sostenibili, può contribuire a distinguere i prodotti elicicoli sullo scaffale e a catturare l'interesse dei consumatori.

Oltre agli aspetti visivi, il branding dei prodotti elicicoli deve anche concentrarsi sulla comunicazione efficace dei vantaggi e delle caratteristiche distintive dei prodotti. Questo può essere fatto attraverso una narrativa di marca coinvolgente, che racconti la storia dell'azienda, il processo di produzione e i valori fondamentali del marchio. Inoltre, è importante utilizzare linguaggio chiaro e persuasivo nelle descrizioni dei prodotti, evidenziando le loro qualità nutrizionali, il gusto unico e le possibilità culinarie.

Infine, è essenziale adottare una strategia di marketing mirata per promuovere i prodotti elicicoli e raggiungere il proprio pubblico di riferimento. Ciò può includere l'utilizzo di diverse piattaforme di marketing, come pubblicità online, social media, eventi di degustazione, collaborazioni con chef e ristoranti, e partecipazione a fiere ed eventi del settore alimentare. Una strategia di marketing integrata e mirata aiuta a aumentare la visibilità del marchio e a generare interesse e domanda per i prodotti elicicoli, contribuendo al successo commerciale dell'azienda.

4. Distribuzione e Logistica: Ottimizzare la Catena di Approvvigionamento dei Prodotti Elicicoli

La distribuzione e la logistica rivestono un ruolo fondamentale nell'ottimizzazione della catena di approvvigionamento dei prodotti elicicoli, garantendo che i prodotti arrivino ai clienti in modo efficiente e tempestivo, mantenendo al contempo la loro freschezza e qualità. Per ottenere il massimo dalla distribuzione e dalla logistica, è essenziale adottare un approccio strategico e organizzato che tenga conto di diversi fattori chiave.

Innanzitutto, è importante pianificare attentamente la logistica e la distribuzione, tenendo conto di fattori come la distanza dei mercati di vendita, i tempi di trasporto e le esigenze di conservazione dei prodotti. Ad esempio, se i prodotti elicicoli vengono distribuiti a livello locale, potrebbe essere più vantaggioso utilizzare mezzi di trasporto refrigerati per garantire che le lumache mantengano la loro freschezza durante il viaggio. D'altra parte, se i prodotti vengono spediti a livello nazionale o internazionale, potrebbe essere necessario utilizzare servizi di spedizione specializzati e coordinare le consegne in modo da minimizzare i tempi di transito e ridurre al minimo il rischio di danneggiamento o deterioramento dei prodotti.

Inoltre, è importante sviluppare relazioni solide con fornitori affidabili e partner logistici che possano garantire consegne puntuali e affidabili. Collaborare con fornitori di trasporto e spedizione di fiducia può aiutare a garantire che i prodotti elicicoli raggiungano i clienti in condizioni ottimali e che eventuali problemi di logistica vengano affrontati prontamente e in modo efficace. Inoltre, la creazione di partenariati strategici con distributori e rivenditori può contribuire a espandere la portata dei prodotti elicicoli e ad aumentare la loro visibilità sul mercato.

Un altro aspetto cruciale della distribuzione e della logistica è la gestione efficiente degli stock e dell'inventario. Mantenere un inventario accurato e aggiornato dei prodotti elicicoli consente di pianificare le attività di produzione e di distribuzione in modo più efficiente, riducendo al minimo il rischio di esaurimento delle scorte o di accumulo di inventario non venduto. Inoltre, l'utilizzo di sistemi di gestione dell'inventario automatizzati può semplificare il processo di monitoraggio e riordino delle scorte, consentendo di ottimizzare la gestione dell'inventario e ridurre al minimo gli sprechi e le perdite.

Infine, è importante prestare attenzione alla sicurezza alimentare e al rispetto delle normative durante tutte le fasi della distribuzione e della logistica dei prodotti elicicoli. Ciò include l'adozione di pratiche di igiene e sicurezza rigorose durante il trasporto e la manipolazione dei prodotti, nonché il rispetto delle normative locali e nazionali in materia di sicurezza alimentare e di trasporto di prodotti alimentari. Assicurarsi che i prodotti elicicoli siano gestiti e trasportati in conformità con le normative vigenti è essenziale per garantire la sicurezza e la qualità dei prodotti e per mantenere la fiducia dei clienti nel marchio.

5. Gestione degli Ordini: Organizzare e Gestire le Richieste dei Clienti per Prodotti Elicicoli

La gestione degli ordini rappresenta un aspetto cruciale per garantire un'efficace organizzazione e soddisfazione del cliente nel settore dei prodotti elicicoli. Una gestione accurata e efficiente delle richieste dei clienti contribuisce non solo a garantire che i prodotti vengano consegnati in modo tempestivo e preciso, ma anche a creare una positiva esperienza d'acquisto che favorisce la fidelizzazione del cliente e il successo del marchio. Per gestire al meglio gli ordini dei prodotti elicicoli, è necessario adottare diverse strategie e tecniche pratiche che tengano conto delle esigenze dei clienti e delle dinamiche del mercato.

Innanzitutto, è essenziale avere un sistema di gestione degli ordini ben strutturato e efficiente. Questo può includere l'utilizzo di software specializzati per la gestione degli ordini, che consentono di monitorare e gestire le richieste dei clienti in modo centralizzato e organizzato. Questi sistemi possono aiutare a tracciare lo stato degli ordini, gestire l'inventario disponibile e coordinare le attività di spedizione e consegna, garantendo che ogni ordine venga gestito in modo accurato e tempestivo.

Inoltre, è importante stabilire procedure chiare e standardizzate per la gestione degli ordini, al fine di garantire coerenza e coerenza nel processo di elaborazione degli ordini. Questo può includere la definizione di tempi di elaborazione degli ordini, procedure di verifica dell'inventario e protocolli per la gestione delle eventuali anomalie o problemi nell'esecuzione degli ordini. Ad esempio, se un cliente richiede una quantità specifica di lumache di una certa dimensione, è importante assicurarsi che l'inventario sia aggiornato e che le lumache soddisfino i requisiti richiesti prima dell'evasione dell'ordine.

Inoltre, è fondamentale comunicare in modo chiaro e trasparente con i clienti durante tutto il processo di gestione degli ordini. Questo include fornire aggiornamenti regolari sullo stato degli ordini, rispondere prontamente alle domande dei clienti e fornire assistenza e supporto quando necessario. Una comunicazione efficace può contribuire a ridurre al minimo i ritardi e le frustrazioni dei clienti e a mantenere la fiducia nel marchio.

Infine, è importante valutare e ottimizzare continuamente i processi di gestione degli ordini al fine di identificare eventuali aree di miglioramento e aumentare l'efficienza complessiva. Ciò può comportare l'analisi dei tempi di elaborazione degli ordini, l'identificazione di eventuali ritardi o inefficienze nel processo e l'implementazione di misure correttive per migliorare le prestazioni complessive del sistema di gestione degli ordini.

Assicurarsi di avere un sistema di gestione degli ordini efficiente e ben strutturato è fondamentale per garantire un'esperienza di acquisto positiva e soddisfacente per i clienti, nonché per garantire il successo a lungo termine del proprio business nel settore dei prodotti elicicoli.

6. Marketing Online: Utilizzare Internet e i Social Media per Promuovere i Prodotti Elicicoli

Il marketing online rappresenta un'opportunità fondamentale per promuovere e commercializzare i prodotti elicicoli in modo efficace e mirato. Con l'avvento della tecnologia digitale e dei social media, le aziende possono raggiungere un pubblico più ampio e coinvolgere i potenziali clienti in modo più diretto ed efficace rispetto ai tradizionali metodi di marketing. Utilizzare Internet e i social media come strumenti di marketing per i prodotti elicicoli può contribuire a aumentare la visibilità del marchio, generare interesse e coinvolgimento dei clienti e guidare le vendite.

Una delle principali strategie di marketing online per i prodotti elicicoli è la creazione di un sito web aziendale ben progettato e informativo. Il sito web dovrebbe includere informazioni dettagliate sui prodotti elicicoli offerti, comprese le varietà disponibili, le modalità di preparazione e i benefici per la salute. Inoltre, dovrebbe fornire agli utenti la possibilità di acquistare i prodotti online, offrendo un'esperienza di acquisto semplice e intuitiva. È importante anche ottimizzare il sito web per i motori di ricerca (SEO) al fine di migliorare la sua visibilità nei risultati di ricerca online.

Oltre al sito web, i social media rappresentano un potente strumento di marketing per i prodotti elicicoli. Piattaforme come Facebook, Instagram, Twitter e LinkedIn consentono alle aziende di raggiungere un vasto pubblico di potenziali clienti e di interagire con loro in modo diretto e autentico. Le aziende possono utilizzare i social media per condividere contenuti pertinenti e coinvolgenti, come ricette, consigli per la preparazione e storie di successo dei clienti. Inoltre, possono utilizzare la pubblicità a pagamento sui social media per raggiungere un pubblico specifico in base a criteri demografici, interessi e comportamenti di acquisto.

Oltre ai siti web e ai social media, le aziende possono sfruttare altre forme di marketing online per promuovere i prodotti elicicoli. Ciò può includere la pubblicazione di articoli e blog su siti web correlati, la partecipazione a forum e comunità online pertinenti e la collaborazione con influencer e blogger nel settore alimentare. Inoltre, le aziende possono utilizzare e-mail marketing per inviare aggiornamenti, offerte speciali e contenuti informativi ai propri clienti e potenziali clienti.

In definitiva, il marketing online offre alle aziende nel settore dei prodotti elicicoli un'opportunità senza precedenti per raggiungere e coinvolgere i consumatori in modo efficace e significativo. Utilizzando Internet e i social media in modo strategico e creativo, le aziende possono promuovere i loro prodotti in modo da massimizzare la visibilità del marchio, generare interesse e coinvolgimento dei clienti e guidare le vendite in modo significativo.

7. Eventi Promozionali: Coinvolgere i Clienti attraverso Degustazioni e Dimostrazioni di Cucina

Gli eventi promozionali rappresentano un'importante opportunità per coinvolgere i clienti e promuovere i prodotti elicicoli attraverso degustazioni e dimostrazioni di cucina. Organizzare eventi promozionali offre alle aziende la possibilità di mostrare ai clienti il valore dei loro prodotti, di creare un'esperienza coinvolgente e di stabilire connessioni personali con il pubblico. Questi eventi possono essere organizzati in una varietà di contesti, tra cui fiere, mercati, festival alimentari, eventi aziendali e degustazioni in negozio.

Una delle principali strategie per organizzare eventi promozionali di successo è pianificare attentamente ogni dettaglio, dall'allestimento dello spazio alla selezione dei prodotti da presentare. È importante creare un'atmosfera accogliente e invitante che stimoli i sensi dei partecipanti e li inviti ad esplorare e assaggiare i prodotti in esposizione. Inoltre, è fondamentale assicurarsi che lo staff sia ben preparato e in grado di fornire informazioni dettagliate sui prodotti, rispondere alle domande dei clienti e offrire suggerimenti e consigli sulla preparazione e il consumo.

Le degustazioni durante gli eventi promozionali sono un modo efficace per consentire ai clienti di provare i prodotti elicicoli in prima persona e di sperimentarne il gusto e la qualità. Durante le degustazioni, gli esperti possono guidare i partecipanti attraverso una varietà di prodotti e varietà, spiegando le caratteristiche distintive di ciascuno e offrendo suggerimenti su come abbinarli con altri alimenti e bevande. Le degustazioni possono essere organizzate in modo formale, con sessioni guidate da professionisti del settore, o in modo più informale, consentendo ai partecipanti di esplorare liberamente i prodotti disponibili.

Oltre alle degustazioni, le dimostrazioni di cucina sono un modo efficace per dimostrare ai clienti le molteplici possibilità di preparazione e consumo dei prodotti elicicoli. Durante le dimostrazioni di cucina, chef esperti possono preparare una varietà di piatti deliziosi utilizzando i prodotti in esposizione, mostrando ai partecipanti come cucinare e servire i piatti in modo creativo e appetitoso. Queste dimostrazioni possono essere accompagnate da consigli pratici sulla preparazione e la presentazione dei piatti, nonché da suggerimenti su come abbinare i prodotti elicicoli con altri ingredienti e condimenti per ottenere il massimo gusto e piacere.

Infine, gli eventi promozionali offrono un'opportunità unica per interagire direttamente con i clienti, raccogliere feedback e commenti e stabilire relazioni durature. Durante gli eventi, le aziende possono raccogliere informazioni preziose sui gusti e le preferenze dei clienti, nonché sulle loro abitudini di acquisto e consumo. Questi dati possono poi essere utilizzati per adattare e ottimizzare le strategie di marketing e promozione dei prodotti elicicoli, garantendo che soddisfino le esigenze e le aspettative del pubblico di riferimento.

In sintesi, gli eventi promozionali rappresentano un'importante tappa nel processo di marketing e promozione dei prodotti elicicoli, offrendo alle aziende un'opportunità unica per coinvolgere i clienti, promuovere i loro prodotti e stabilire relazioni significative con il pubblico. Pianificare e organizzare eventi promozionali ben strutturati e coinvolgenti può contribuire in modo significativo a aumentare la consapevolezza del marchio, generare interesse dei clienti e guidare le vendite.

8. Partnership Commerciali: Collaborazioni con Ristoranti, Negozi Specializzati e Mercati per la Vendita di Prodotti Elicicoli

Le partnership commerciali rappresentano un aspetto cruciale nella strategia di vendita e marketing dei prodotti elicicoli. Collaborare con ristoranti, negozi specializzati e mercati può offrire numerosi vantaggi, inclusi una maggiore visibilità del marchio, l'accesso a nuovi mercati e una crescita delle vendite. Queste collaborazioni possono assumere diverse forme e coinvolgere una varietà di attori nel settore alimentare.

I ristoranti possono essere partner preziosi per la vendita dei prodotti elicicoli, poiché offrono un canale diretto per raggiungere i consumatori interessati a provare nuove esperienze culinarie. Le lumache commestibili possono essere presentate in menu speciali o come piatti del giorno, offrendo ai clienti l'opportunità di assaggiare i prodotti in un ambiente confortevole e accogliente. Inoltre, i ristoranti possono collaborare con gli allevatori per garantire una fornitura costante di lumache di alta qualità e freschezza.

I negozi specializzati, come le gastronomie e le boutique gastronomiche, rappresentano un altro importante canale di distribuzione per i prodotti elicicoli. Questi negozi sono frequentati da clienti alla ricerca di prodotti alimentari di alta qualità e gourmet, e possono offrire un ambiente ideale per presentare e promuovere le lumache commestibili. Le collaborazioni con negozi specializzati possono includere la fornitura diretta di prodotti, la partecipazione a eventi promozionali e la realizzazione di degustazioni in loco.

I mercati locali e le fiere alimentari sono luoghi popolari dove i prodotti elicicoli possono essere presentati e venduti direttamente ai consumatori. Partecipare a questi eventi offre un'opportunità unica per entrare in contatto con una vasta gamma di clienti, stabilire relazioni personali e promuovere i prodotti in modo diretto e coinvolgente. Gli allevatori possono allestire bancarelle o stand per mostrare i loro prodotti e offrire degustazioni gratuite, consentendo ai clienti di provare le lumache commestibili prima di acquistarle.

Inoltre, le partnership commerciali possono estendersi oltre la vendita al dettaglio, coinvolgendo anche collaborazioni con aziende di catering, chef professionisti e altre aziende del settore alimentare. Queste collaborazioni possono includere la fornitura di lumache commestibili per eventi speciali, servizi di catering e creazione di menu personalizzati. Lavorare con professionisti del settore alimentare può contribuire a aumentare la visibilità del marchio e a promuovere i prodotti elicicoli presso un pubblico più ampio e diversificato.

In sintesi, le partnership commerciali rappresentano un'importante strategia per promuovere e vendere i prodotti elicicoli, offrendo numerosi vantaggi sia per gli allevatori che per i partner commerciali. Collaborare con ristoranti, negozi specializzati, mercati e altre aziende del settore alimentare può contribuire a aumentare la visibilità del marchio, a espandere il mercato di riferimento e a garantire una distribuzione più ampia e diversificata dei prodotti elicicoli.

XIX. Normative e aspetti legali dell'elicicoltura

1. Leggi e Regolamenti sull'Allevamento di Lumache Commestibili

L'allevamento di lumache commestibili è soggetto a una serie di leggi e regolamenti che variano da paese a paese. Queste normative sono progettate per garantire la sicurezza alimentare, la tutela dell'ambiente e il benessere degli animali coinvolti nel processo di allevamento. Prima di avviare un'attività di allevamento di lumache, è essenziale comprendere appieno le normative locali e assicurarsi di conformarsi ad esse in modo completo e accurato.

Uno degli aspetti principali delle leggi sull'allevamento di lumache è la registrazione e l'autorizzazione delle strutture di allevamento. In molti paesi, è richiesta una licenza o un permesso specifico per avviare e gestire un allevamento di lumache. Questo può implicare la presentazione di una serie di documenti, come piani di gestione ambientale, piani di igiene e sicurezza alimentare, nonché dimostrazioni di competenza nella gestione degli animali.

Inoltre, le normative possono stabilire requisiti specifici per le condizioni di allevamento delle lumache. Questi requisiti possono riguardare la dimensione e la disposizione delle strutture di allevamento, la qualità dell'ambiente in cui le lumache sono tenute, nonché le pratiche di alimentazione e gestione sanitaria. Ad esempio, potrebbero essere richiesti controlli regolari della qualità dell'acqua e del suolo, nonché un monitoraggio costante delle condizioni ambientali all'interno delle strutture di allevamento.

Le normative possono anche disciplinare l'uso di sostanze chimiche e farmaci nell'allevamento di lumache. È possibile che vengano stabilite limitazioni sull'uso di pesticidi, fertilizzanti o altri prodotti chimici che potrebbero contaminare le lumache o il loro ambiente. Inoltre, potrebbero essere regolamentati i farmaci veterinari utilizzati per prevenire o trattare le malattie delle lumache.

Infine, le leggi sull'allevamento di lumache possono includere disposizioni relative alla tracciabilità e all'etichettatura dei prodotti. Queste disposizioni sono progettate per garantire che i consumatori siano informati sull'origine e sulla qualità delle lumache che acquistano. Ciò potrebbe implicare l'etichettatura degli imballaggi con informazioni come il luogo di provenienza, le pratiche di allevamento utilizzate e le date di scadenza.

In conclusione, la comprensione e il rispetto delle leggi e dei regolamenti sull'allevamento di lumache sono fondamentali per garantire il successo e la sostenibilità di un'attività di questo tipo. I produttori devono essere consapevoli delle normative locali e adottare pratiche di allevamento e gestione che siano conformi agli standard stabiliti. Solo così sarà possibile garantire la sicurezza e la qualità dei prodotti elicicoli offerti sul mercato.

2. Normative Igienico-Sanitarie per l'Elicicoltura

Le normative igienico-sanitarie per l'elicicoltura rivestono un'importanza fondamentale nel garantire la sicurezza alimentare e la qualità dei prodotti elicicoli destinati al consumo umano. Queste normative sono progettate per prevenire la contaminazione microbica, chimica e fisica dei prodotti, nonché per tutelare la salute degli animali allevati. Comprendere e rispettare le norme igienico-sanitarie è essenziale per gli allevatori di lumache commestibili, poiché la non conformità può portare a gravi conseguenze sia per la salute pubblica che per la reputazione dell'azienda.

Uno dei principali aspetti delle normative igienico-sanitarie riguarda l'igiene delle strutture di allevamento e delle attrezzature utilizzate nel processo di produzione. Le strutture devono essere progettate e mantenute in modo da ridurre al minimo il rischio di contaminazione microbica e garantire condizioni igieniche ottimali per le lumache. Ciò può includere la pulizia regolare delle strutture, la disinfezione delle attrezzature e l'implementazione di procedure di controllo dei parassiti e delle malattie.

Inoltre, le normative igienico-sanitarie stabiliscono protocolli specifici per la gestione dei rifiuti e dei sottoprodotti dell'elicicoltura. È essenziale disporre di sistemi adeguati per la raccolta, lo smaltimento e, quando possibile, il riciclo dei rifiuti prodotti durante il processo di allevamento. Questo può contribuire a prevenire la contaminazione ambientale e a ridurre l'impatto ambientale complessivo dell'attività di allevamento.

Le normative igienico-sanitarie possono anche disciplinare l'uso di prodotti chimici e farmaci nell'elicicoltura. È possibile che vengano stabiliti limiti massimi per la presenza di residui di pesticidi, antibiotici o altri contaminanti nei prodotti elicicoli. Inoltre, potrebbero essere richieste registrazioni dettagliate sull'uso di tali sostanze e sulle pratiche di gestione della salute delle lumache.

Infine, le normative igienico-sanitarie possono includere requisiti specifici per la manipolazione e la conservazione dei prodotti elicicoli durante il trasporto e la distribuzione. Questo potrebbe riguardare, ad esempio, l'uso di imballaggi sicuri e igienici, la corretta etichettatura dei prodotti e il rispetto delle temperature di conservazione raccomandate per prevenire la contaminazione e il degrado della qualità.

In conclusione, le normative igienico-sanitarie rappresentano un pilastro fondamentale per l'elicicoltura responsabile e sostenibile. Gli allevatori devono essere consapevoli delle norme vigenti e adottare pratiche di produzione e gestione conformi agli standard igienico-sanitari al fine di garantire la sicurezza e la qualità dei prodotti elicicoli offerti sul mercato.

3. Aspetti Legali della Distribuzione e Vendita delle Lumache

Gli aspetti legali della distribuzione e vendita delle lumache sono cruciali per garantire il rispetto delle normative vigenti e per evitare controversie legali che potrebbero danneggiare l'attività commerciale degli allevatori. Innanzitutto, è essenziale comprendere le leggi relative alla commercializzazione di prodotti alimentari nel paese o nella regione in cui si opera. Queste leggi possono riguardare l'etichettatura dei prodotti, le norme di sicurezza alimentare, i requisiti per la conservazione e la manipolazione dei prodotti e le procedure per l'ottenimento delle autorizzazioni necessarie per la vendita al dettaglio.

Inoltre, è importante considerare le leggi specifiche che regolano la vendita di prodotti elicicoli. Queste possono includere disposizioni sulla classificazione e la certificazione delle lumache per la vendita, nonché normative sulle pratiche di spurgatura, conservazione e trasporto. Ad esempio, in alcune giurisdizioni potrebbero essere richieste autorizzazioni speciali per la vendita di lumache vive o preparate in determinati modi.

Le leggi sulla distribuzione e vendita delle lumache possono anche riguardare la responsabilità civile e penale degli allevatori. È importante essere consapevoli delle proprie responsabilità legali nei confronti dei consumatori e garantire che i prodotti venduti siano conformi agli standard di sicurezza e qualità previsti dalla legge. Ciò può includere la tenuta di registri accurati delle attività di produzione e vendita, nonché la messa in atto di procedure di controllo della qualità per garantire che i prodotti soddisfino i requisiti legali.

Inoltre, è importante considerare le leggi sulla concorrenza e sulla protezione dei consumatori che potrebbero influenzare le attività di distribuzione e vendita delle lumache. Queste leggi possono riguardare la pubblicità ingannevole, le pratiche commerciali sleali e i diritti dei consumatori a ricevere informazioni accurate sui prodotti che acquistano. Gli allevatori devono essere consapevoli di queste normative e assicurarsi di conformarsi ad esse per evitare controversie legali e proteggere la reputazione del proprio marchio.

In conclusione, gli aspetti legali della distribuzione e vendita delle lumache richiedono una comprensione approfondita delle leggi e dei regolamenti applicabili, nonché un impegno costante nel rispettare tali normative. Gli allevatori devono essere consapevoli delle proprie responsabilità legali e adottare pratiche commerciali etiche e conformi alla legge al fine di garantire il successo a lungo termine delle loro attività.

4. Normative Ambientali e di Benessere Animale nell'Elicicoltura

Le normative ambientali e di benessere animale rivestono un ruolo fondamentale nell'elicicoltura moderna, poiché la sostenibilità ambientale e il rispetto del benessere delle lumache sono importanti non solo per la salute degli animali, ma anche per la reputazione e la legalità dell'attività di allevamento. Le normative ambientali riguardano principalmente l'impatto dell'elicicoltura sull'ecosistema circostante e sulle risorse naturali.

Tra le principali normative ambientali vi sono quelle riguardanti l'uso responsabile delle risorse idriche e del suolo. Gli allevamenti di lumache devono rispettare le leggi e le regolamentazioni in materia di gestione delle acque e dei terreni agricoli per evitare l'inquinamento delle acque sotterranee e superficiali e la degradazione del suolo. Ciò potrebbe includere l'implementazione di pratiche di irrigazione sostenibili, la riduzione dell'uso di fertilizzanti e pesticidi nocivi e la gestione consapevole dei rifiuti organici.

Inoltre, le normative ambientali possono riguardare la conservazione della biodiversità e la protezione degli habitat naturali. Gli allevatori devono prendere in considerazione l'impatto dell'elicicoltura sull'ecosistema locale e adottare misure per preservare la flora e la fauna native. Questo potrebbe comportare la creazione di zone tampone intorno agli allevamenti per ridurre l'interferenza con gli habitat naturali e la promozione della biodiversità attraverso la conservazione di aree verdi e la reintroduzione di piante autoctone.

Parallelamente alle normative ambientali, le normative sul benessere animale sono essenziali per garantire che le lumache allevate siano trattate con rispetto e dignità. Queste normative possono includere requisiti riguardanti le condizioni di alloggio, l'alimentazione, la manipolazione e l'eutanasia delle lumache. Gli allevatori devono assicurarsi che le loro pratiche di allevamento siano conformi alle leggi e ai regolamenti che tutelano il benessere delle lumache, ad esempio fornendo un ambiente adatto alla crescita e al movimento degli animali, garantendo un'alimentazione equilibrata e nutriente e adottando pratiche di gestione del dolore e dello stress durante le operazioni di raccolta e lavorazione.

In conclusione, le normative ambientali e di benessere animale sono essenziali per promuovere una pratica sostenibile ed etica dell'elicicoltura. Gli allevatori devono essere consapevoli di queste normative e impegnarsi a rispettarle per garantire la protezione dell'ambiente, il benessere delle lumache e il successo a lungo termine delle loro attività.

5. Procedure per l'Ottenimento di Autorizzazioni e Certificazioni

Le procedure per ottenere autorizzazioni e certificazioni nell'ambito dell'elicicoltura possono variare notevolmente a seconda della regione e del paese in cui si intende condurre l'attività. Tuttavia, ci sono alcune linee guida generali che gli allevatori possono seguire per assicurarsi di soddisfare i requisiti normativi e ottenere le necessarie approvazioni per avviare e gestire un allevamento di lumache commestibili in modo legale ed etico.

Innanzitutto, è importante condurre una ricerca approfondita sulle normative locali e nazionali relative all'elicicoltura. Questo può includere leggi e regolamenti specifici riguardanti la produzione alimentare, la gestione agricola, la sicurezza alimentare, il benessere animale e la conservazione ambientale. Gli allevatori devono familiarizzare con queste normative e assicurarsi di essere conformi a tutte le disposizioni prima di avviare l'attività.

Successivamente, gli allevatori devono stabilire contatti con le autorità competenti responsabili della regolamentazione dell'elicicoltura nel loro paese o regione. Queste autorità possono essere dipartimenti governativi per l'agricoltura, la salute pubblica, l'ambiente o altri enti regolatori. Comunicare con queste autorità può fornire agli allevatori informazioni cruciali sulle procedure e i requisiti per ottenere le autorizzazioni e le certificazioni necessarie.

Una volta comprese le normative e le procedure, gli allevatori possono procedere con la preparazione della documentazione richiesta per l'ottenimento delle autorizzazioni e delle certificazioni. Questa documentazione può includere piani di gestione dell'allevamento, procedure di sicurezza alimentare, registri di controllo del benessere animale, programmi di monitoraggio ambientale e altri documenti pertinenti. È importante compilare con cura e precisione tutti i documenti richiesti per dimostrare la conformità alle normative e alle migliori pratiche nell'elicicoltura.

Una volta che tutta la documentazione è stata preparata, gli allevatori possono presentare le richieste di autorizzazione e certificazione alle autorità competenti. Queste richieste possono essere soggette a valutazioni e ispezioni da parte degli enti regolatori al fine di verificare la conformità alle normative e alle linee guida stabilite. Gli allevatori devono essere pronti a rispondere alle domande e fornire ulteriori informazioni o prove se richiesto durante questo processo di revisione.

Infine, una volta ottenute le autorizzazioni e le certificazioni necessarie, gli allevatori devono impegnarsi a mantenere gli standard richiesti nel corso dell'attività di allevamento. Questo può includere la partecipazione a programmi di formazione continua, l'aggiornamento dei protocolli e delle pratiche in base alle evoluzioni normative e il mantenimento di registri accurati e aggiornati per dimostrare la conformità continua alle normative.

In conclusione, ottenere autorizzazioni e certificazioni per l'elicicoltura richiede una comprensione approfondita delle normative, una comunicazione efficace con le autorità competenti, la preparazione accurata della documentazione e il mantenimento costante degli standard richiesti. Seguendo queste procedure, gli allevatori possono avviare e gestire un allevamento di lumache commestibili in modo legale, etico e conforme alle migliori pratiche del settore.

6. Responsabilità Legali e Normative sulla Sicurezza Alimentare

Le responsabilità legali e le normative sulla sicurezza alimentare rappresentano un aspetto fondamentale nell'elicicoltura, poiché coinvolgono la protezione della salute dei consumatori e la garanzia della conformità alle leggi e ai regolamenti in materia di produzione alimentare. Gli allevatori sono tenuti a rispettare rigorosi standard di igiene e sicurezza alimentare per garantire che i loro prodotti siano sicuri e salubri per il consumo umano.

In primo luogo, gli allevatori devono essere a conoscenza delle leggi e dei regolamenti specifici relativi alla sicurezza alimentare nel loro paese o nella loro regione. Queste normative possono stabilire requisiti riguardanti la qualità dell'acqua utilizzata nell'allevamento, le pratiche di alimentazione e nutrizione delle lumache, i protocolli di manipolazione e conservazione dei prodotti e altro ancora. È essenziale che gli allevatori comprendano appieno queste normative e si conformino ad esse per evitare potenziali violazioni e sanzioni legali.

Una parte cruciale della responsabilità legale degli allevatori è la gestione dell'igiene e della pulizia nelle strutture di allevamento e durante il processo di raccolta, spurgatura e preparazione delle lumache. Questo include l'adozione di procedure di lavaggio delle mani, la pulizia regolare delle attrezzature e delle superfici di lavoro, nonché la corretta conservazione e manipolazione dei prodotti per prevenire la contaminazione microbiologica e chimica.

Inoltre, gli allevatori devono tenere accurati registri di tracciabilità che documentino tutte le fasi della produzione, dalla nascita delle lumache fino alla vendita dei prodotti finali. Questi registri devono includere informazioni dettagliate sulle pratiche di gestione, gli alimenti utilizzati, gli interventi veterinari, le date di raccolta e tutti gli altri dati rilevanti per garantire la sicurezza e la qualità dei prodotti.

Per garantire la conformità alle normative sulla sicurezza alimentare, gli allevatori possono anche scegliere di sottoporsi a audit e certificazioni da parte di enti di terze parti. Queste certificazioni possono confermare che l'allevamento e la produzione dei prodotti avvengono in conformità con gli standard riconosciuti a livello nazionale o internazionale, offrendo una maggiore fiducia ai consumatori e facilitando l'accesso ai mercati più esigenti.

Infine, è importante che gli allevatori rimangano aggiornati sulle ultime normative e linee guida in materia di sicurezza alimentare e adottino prontamente le modifiche necessarie alle loro pratiche e procedure di produzione per garantire la conformità continua. Mantenere una cultura della sicurezza alimentare e impegnarsi nella formazione e nell'educazione del personale sono altri aspetti cruciali per garantire il rispetto delle normative e la protezione della salute dei consumatori.

In sintesi, le responsabilità legali e le normative sulla sicurezza alimentare rappresentano un pilastro fondamentale nell'elicicoltura, richiedendo agli allevatori di rispettare rigorosi standard di igiene e qualità per garantire la sicurezza e la salubrità dei loro prodotti. Mediante la conoscenza delle leggi e dei regolamenti pertinenti, la pratica di procedure igieniche rigorose, la tenuta di registri accurati e l'adozione di audit e certificazioni, gli allevatori possono assicurare la conformità e la fiducia dei consumatori nei loro prodotti.

XX. Risorse aggiuntive e contatti utili

1. Guide pratiche per l'allevamento delle lumache commestibili

Le guide pratiche per l'allevamento delle lumache commestibili rappresentano un fondamentale punto di riferimento per chiunque voglia avventurarsi in questo affascinante settore dell'elicicoltura. Queste risorse offrono una ricca varietà di informazioni dettagliate, passo dopo passo, per guidare sia i principianti che gli allevatori più esperti nel processo di coltivazione e cura delle lumache destinate al consumo umano.

Al loro interno, queste guide forniscono una panoramica completa delle migliori pratiche per l'allevamento delle lumache, coprendo una vasta gamma di argomenti cruciali. Tra questi, troviamo istruzioni dettagliate sulla creazione e gestione dell'habitat ideale per le lumache, comprese informazioni sul terreno, sull'umidità, sulla temperatura e sulla ventilazione ottimali per favorire una crescita sana e robusta.

Inoltre, le guide pratiche includono dettagliate istruzioni sulla selezione e l'acquisto dei lumachi da allevare, indicando quali specie sono più adatte alle diverse esigenze climatiche e ambientali. Vengono anche forniti consigli su come garantire la salute e il benessere delle lumache, prevenendo malattie e parassiti attraverso pratiche di gestione appropriate.

Un'altra sezione fondamentale di queste guide riguarda l'alimentazione delle lumache. Qui vengono discussi in dettaglio i migliori tipi di cibo da fornire alle lumache per garantire un'alimentazione equilibrata e nutriente. Si forniscono inoltre suggerimenti su come raccogliere e preparare gli alimenti per massimizzarne il valore nutrizionale e favorire una crescita ottimale delle lumache.

Le guide pratiche per l'allevamento delle lumache commestibili non tralasciano neanche l'importanza della gestione dell'igiene e della sanità nell'ambiente di allevamento. Vengono offerti consigli su come mantenere pulite le strutture e prevenire la diffusione di malattie tra i lumachi, attraverso pratiche di igiene e disinfezione regolari.

Infine, queste risorse includono sezioni dedicate alla gestione delle attività quotidiane dell'elicicoltura, come la raccolta, la conservazione e la preparazione delle lumache per il consumo. Vengono fornite istruzioni dettagliate su come gestire questi processi in modo efficiente e sicuro, garantendo la massima qualità e freschezza dei prodotti finali destinati al mercato.

In sintesi, le guide pratiche per l'allevamento delle lumache commestibili rappresentano un prezioso compendio di conoscenze e competenze, indispensabile per coloro che desiderano intraprendere con successo l'attività di elicicoltura. Con il loro aiuto, sia i principianti che gli allevatori più esperti possono imparare e perfezionare le tecniche necessarie per coltivare con successo lumache di alta qualità per il consumo umano.

2. Corsi online sulla gestione e la cura delle lumache

I corsi online sulla gestione e la cura delle lumache rappresentano un'opportunità straordinaria per coloro che desiderano approfondire le proprie conoscenze sull'elicicoltura e acquisire competenze pratiche per coltivare con successo lumache commestibili. Questi corsi offrono una vasta gamma di materiale didattico, che spazia dalle nozioni di base alle tecniche avanzate, per soddisfare le esigenze di principianti e allevatori esperti.

Tra i contenuti trattati nei corsi online, vi sono approfondimenti sulla biologia e l'anatomia delle lumache, che consentono agli studenti di comprendere meglio le esigenze specifiche di questi molluschi e di adottare pratiche di allevamento mirate al loro benessere. Vengono inoltre esplorate le diverse specie di lumache commestibili e le loro caratteristiche distintive, fornendo agli studenti informazioni preziose per selezionare le varietà più adatte alle proprie esigenze e condizioni ambientali.

Un altro aspetto cruciale trattato nei corsi online riguarda la gestione dell'habitat delle lumache. Gli studenti imparano a creare e mantenere un ambiente ottimale per la crescita e lo sviluppo delle lumache, comprese le impostazioni ideali di temperatura, umidità e ventilazione. Vengono inoltre fornite linee guida dettagliate sulla progettazione e la manutenzione di strutture di allevamento sicure ed efficienti.

I corsi online sulla gestione e la cura delle lumache includono anche moduli dedicati all'alimentazione e alla nutrizione. Gli studenti apprendono i principi fondamentali di una dieta equilibrata per le lumache, nonché le migliori pratiche per la raccolta, la preparazione e la somministrazione del cibo. Vengono esplorate inoltre le varie opzioni di alimentazione disponibili e le strategie per massimizzare il valore nutrizionale della dieta delle lumache.

Un ulteriore focus dei corsi online è posto sulla salute e il benessere delle lumache. Gli studenti imparano a riconoscere i segni di malattie e parassiti nelle lumache e a implementare misure preventive e terapeutiche per garantire la salute del loro allevamento. Vengono inoltre discusse le pratiche di igiene e di gestione ambientale per ridurre il rischio di malattie e promuovere il benessere generale delle lumache.

Infine, i corsi online forniscono agli studenti una panoramica approfondita delle pratiche di gestione aziendale e marketing nell'ambito dell'elicicoltura. Gli studenti imparano a pianificare e gestire un'azienda di allevamento di lumache in modo efficace ed efficiente, nonché a promuovere e commercializzare i propri prodotti sul mercato. Questi corsi offrono quindi una formazione completa e pratica per coloro che desiderano intraprendere con successo l'attività di elicicoltura.

3. Laboratori specializzati per l'analisi della qualità dell'ambiente di allevamento

I laboratori specializzati per l'analisi della qualità dell'ambiente di allevamento rappresentano una risorsa fondamentale per gli allevatori di lumache commestibili che desiderano garantire condizioni ottimali per la crescita e il benessere dei loro molluschi. Questi laboratori offrono una vasta gamma di servizi di analisi e monitoraggio, finalizzati a valutare la qualità dell'aria, dell'acqua e del terreno all'interno degli impianti di allevamento.

Tra i principali servizi offerti dai laboratori specializzati vi è l'analisi della qualità dell'aria. Gli esperti conducono test accurati per valutare la presenza di inquinanti atmosferici, gas nocivi e livelli di umidità e temperatura. Queste analisi sono cruciali per garantire un ambiente di allevamento salubre e confortevole per le lumache, riducendo al minimo il rischio di malattie respiratorie e stress termico.

In aggiunta, i laboratori specializzati offrono servizi di analisi della qualità dell'acqua. Questi test valutano parametri come il pH, la durezza, la concentrazione di nutrienti e la presenza di contaminanti chimici o biologici nell'acqua utilizzata per l'irrigazione e l'umidificazione degli habitat delle lumache. Mantenere una qualità dell'acqua ottimale è essenziale per prevenire problemi di salute e garantire la crescita sana e vigorosa delle lumache.

Oltre all'aria e all'acqua, i laboratori specializzati conducono anche analisi approfondite del terreno e del substrato utilizzato negli allevamenti di lumache. Queste analisi valutano la composizione chimica, la struttura fisica e la presenza di agenti patogeni nel terreno, fornendo agli allevatori informazioni preziose per ottimizzare le condizioni di crescita delle lumache e prevenire problemi legati alla fertilità del suolo e alla contaminazione microbica.

I laboratori specializzati forniscono inoltre consulenza e supporto tecnico agli allevatori, aiutandoli a interpretare i risultati delle analisi e a implementare le necessarie misure correttive. Gli esperti offrono consigli personalizzati sulla gestione ambientale, l'uso di trattamenti correttivi e la selezione di pratiche agricole sostenibili per migliorare la qualità dell'ambiente di allevamento.

Infine, i laboratori specializzati collaborano spesso con istituti di ricerca e enti governativi per condurre studi scientifici e sviluppare linee guida e normative per l'elicicoltura. Queste partnership sono cruciali per promuovere pratiche di allevamento sostenibili e garantire il rispetto delle normative ambientali e di benessere animale.

4. Forum online per scambiare esperienze e consigli sull'elicicoltura

I forum online rappresentano un'importante risorsa per gli allevatori di lumache commestibili, offrendo un luogo virtuale dove scambiare esperienze, conoscenze e consigli sull'elicicoltura. Queste piattaforme digitali riuniscono una comunità di appassionati, da principianti a esperti, che condividono la stessa passione per l'allevamento delle lumache.

Uno dei principali vantaggi dei forum online è la possibilità di accedere a una vasta gamma di informazioni e risorse, tutto comodamente dal proprio computer o dispositivo mobile. Gli utenti possono porre domande, condividere le proprie esperienze e risolvere i problemi incontrati durante l'allevamento delle lumache. Questo scambio continuo di conoscenze favorisce la crescita e lo sviluppo della comunità di allevatori, permettendo loro di imparare dagli errori altrui e di adottare le migliori pratiche.

I forum online offrono anche un ambiente inclusivo e accogliente, dove gli allevatori possono sentirsi liberi di esprimere le proprie opinioni e chiedere aiuto senza timore di giudizi. Questa atmosfera collaborativa promuove la condivisione aperta di informazioni e la costruzione di relazioni positive all'interno della comunità.

Inoltre, i forum online possono essere una fonte preziosa di ispirazione e motivazione per gli allevatori. Attraverso storie di successo, progetti innovativi e sfide superate, gli utenti possono trovare la spinta necessaria per perseguire i propri obiettivi nell'elicicoltura. La condivisione di foto e video delle proprie lumache e dei loro habitat può anche fungere da stimolo visivo per altri membri della comunità.

Per i principianti, in particolare, i forum online rappresentano un punto di partenza ideale per iniziare il proprio percorso nell'elicicoltura. Possono trovare risposte alle domande più comuni, ricevere consigli pratici su come avviare e gestire un allevamento di lumache, e stabilire contatti con altri allevatori che possono fornire supporto e guida lungo il percorso.

Infine, i forum online sono spesso moderati da esperti o membri anziani della comunità, che possono garantire la qualità delle informazioni condivise e risolvere eventuali controversie o malintesi. Questo contribuisce a mantenere un ambiente positivo e costruttivo per tutti gli allevatori di lumache commestibili.

5. Associazioni di allevatori di lumache: risorse e supporto

Le associazioni di allevatori di lumache rappresentano un pilastro fondamentale per coloro che intraprendono l'elicicoltura, offrendo una vasta gamma di risorse e supporto per gli appassionati di lumache commestibili. Queste organizzazioni sono spesso composte da membri con esperienza pluriennale nel settore, i quali mettono a disposizione la propria conoscenza e competenza per aiutare gli allevatori a ottenere successo nella loro attività.

Tra le risorse fornite dalle associazioni di allevatori di lumache vi sono guide pratiche, manuali, documenti informativi e pubblicazioni specializzate sull'argomento. Questi materiali offrono una panoramica approfondita sull'elicicoltura, coprendo argomenti che vanno dalla selezione delle lumache alla gestione dell'allevamento, dalla raccolta alla conservazione, fino alla commercializzazione dei prodotti elicicoli. Grazie a queste risorse, gli allevatori possono accedere a informazioni dettagliate e aggiornate per supportare le loro attività.

Le associazioni di allevatori di lumache organizzano anche eventi, conferenze, seminari e workshop dedicati all'elicicoltura. Queste occasioni offrono agli allevatori l'opportunità di incontrarsi faccia a faccia, condividere le proprie esperienze, apprendere nuove tecniche e sviluppare reti di contatti nel settore. Inoltre, durante questi eventi vengono spesso presentati relatori esperti e professionisti del settore, che forniscono consigli pratici e informazioni aggiornate sui temi più rilevanti per gli allevatori.

Le associazioni di allevatori di lumache possono anche svolgere un ruolo chiave nella promozione e difesa degli interessi della comunità degli allevatori. Queste organizzazioni possono rappresentare gli allevatori presso le istituzioni pubbliche, contribuendo a influenzare l'elaborazione di normative e politiche governative riguardanti l'elicicoltura. Inoltre, le associazioni possono offrire supporto legale e consulenza agli allevatori in caso di controversie o problemi con le autorità competenti.

Infine, le associazioni di allevatori di lumache possono facilitare lo scambio di risorse e l'accesso a servizi specializzati per gli allevatori. Questi includono fornitori di attrezzature e materiali per l'elicicoltura, servizi veterinari specializzati, laboratori di analisi e altro ancora. Grazie alla rete di contatti e partnership sviluppata dalle associazioni, gli allevatori possono accedere a risorse e servizi di alta qualità per supportare le loro attività.

6. Fornitori di attrezzature e alimenti per l'elicicoltura: contatti e informazioni

I fornitori di attrezzature e alimenti per l'elicicoltura giocano un ruolo fondamentale nel supportare gli allevatori di lumache commestibili, fornendo loro gli strumenti e i materiali necessari per gestire con successo le loro attività. Questi fornitori offrono una vasta gamma di prodotti specificamente progettati per l'allevamento e la cura delle lumache, nonché per l'ottimizzazione delle condizioni ambientali e nutrizionali del loro habitat.

Tra le attrezzature fornite dai fornitori per l'elicicoltura vi sono box di allevamento, recinzioni e reti protettive, sistemi di irrigazione e umidificazione, nonché dispositivi per il controllo della temperatura e dell'umidità. Questi strumenti sono essenziali per creare e mantenere un ambiente ottimale per le lumache, garantendo il loro benessere e massimizzando la produttività dell'allevamento. Inoltre, i fornitori offrono anche attrezzature per la raccolta, la manipolazione e la conservazione delle lumache, come pinze, rastrelli, vasche di stoccaggio e congelatori.

Oltre alle attrezzature, i fornitori di alimenti per l'elicicoltura forniscono una vasta gamma di prodotti alimentari specificamente formulati per le esigenze nutrizionali delle lumache. Questi alimenti possono includere mangimi specializzati, integratori vitaminici e minerali, nonché alimenti freschi come verdure, frutta e erbe aromatiche. I fornitori di alimenti per lumache spesso offrono anche consulenza e supporto per aiutare gli allevatori a sviluppare diete bilanciate e adatte alle loro lumache, tenendo conto di fattori come l'età, la specie e le condizioni ambientali.

Per trovare fornitori affidabili di attrezzature e alimenti per l'elicicoltura, gli allevatori possono fare ricerche online, partecipare a fiere commerciali e conferenze del settore, nonché consultare altre risorse come riviste specializzate e forum online. È importante scegliere fornitori che offrano prodotti di alta qualità, servizi affidabili e prezzi competitivi. Gli allevatori possono anche fare domande e richiedere informazioni dettagliate sui prodotti e servizi offerti dai fornitori, al fine di assicurarsi di fare la scelta migliore per le loro esigenze.

Inoltre, gli allevatori possono beneficiare della creazione di rapporti di collaborazione a lungo termine con i fornitori, che possono fornire consulenza specializzata, supporto tecnico e aggiornamenti sugli sviluppi nel settore. Queste partnership possono essere preziose per gli allevatori, aiutandoli a ottenere successo nelle loro attività e a superare le sfide che possono incontrare lungo il percorso.

Vuoi un nostro libro a soli 0,99€? Ecco come fare!

Ciao!
Se ti è piaciuto questo libro, puoi ricevere il prossimo titolo **a soli 0,99€**, scegliendo tra:

- eBook
- PDF di un libro cartaceo

Segui questi semplici passaggi:

1. Condividi la tua esperienza sul sito dove hai effettuato l'acquisto.

2. Invia uno screenshot **del tuo feedback** dove si legge anche la dicitura "Acquisto verificato" a: info.testicreativi@gmail.com

3. Riceverai un codice sconto personale da utilizzare sul nostro store online, valido per ottenere il prossimo libro **a soli 0,99€**.

La tua opinione conta davvero: ogni recensione ci aiuta a crescere e permette a nuovi lettori di scoprire i nostri libri.

Grazie di cuore per il tuo tempo e buona lettura!

www.ingramcontent.com/pod-product-compliance
Lightning Source LLC
Chambersburg PA
CBHW050050230526
45470CB00004B/1466